一周完成！
优质素材宝宝编织（清新篇）

［日］河合真弓 著
陈 琛 译

中国水利水电出版社
www.waterpub.com.cn

目 录

For Baby ❀ 0 ~ 12 个月 ❀

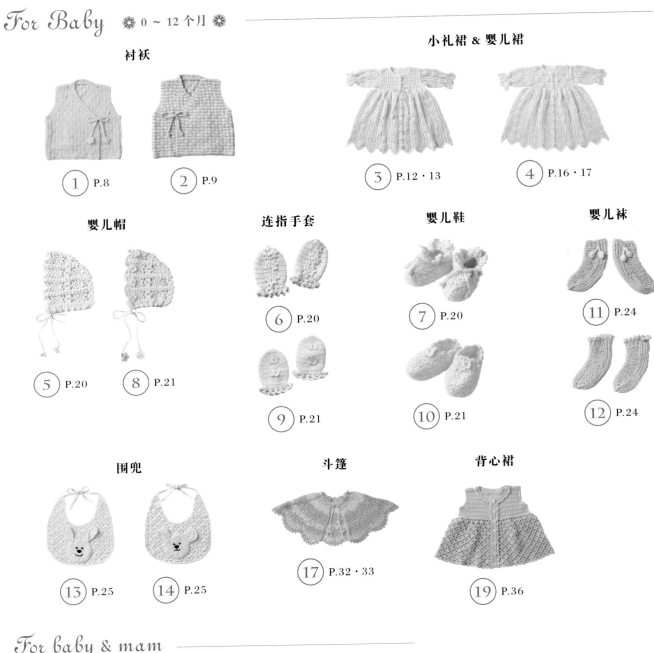

衬袄

① P.8   ② P.9

小礼裙 & 婴儿裙

③ P.12 · 13   ④ P.16 · 17

婴儿帽

⑤ P.20   ⑧ P.21

连指手套

⑥ P.20   ⑨ P.21

婴儿鞋

⑦ P.20   ⑩ P.21

婴儿袜

⑪ P.24   ⑫ P.24

围兜

⑬ P.25   ⑭ P.25

斗篷

⑰ P.32 · 33

背心裙

⑲ P.36

For baby & mam

多用小手包

⑮ P.28

裹巾

⑯ P.29

重点教程 ······ P.4

本书所使用的编织线 ······ P.56

钩针编织基础 ······ P.57

棒针编织基础 ······ P.60

刺绣基础 ······ P.61

其他基础知识索引 ······ P.61

斗篷
18 P.32・33

背心裙
20 P.37

帽子
21 P.40 22 P.41 23 P.41

休闲背带裙
24 P.44 25 P.45

短裤
26 P.45 30 P.49

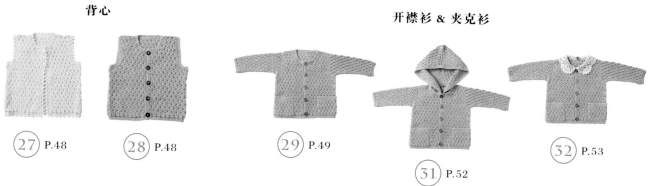

背心
27 P.48 28 P.48

开襟衫 & 夹克衫
29 P.49 31 P.52 32 P.53

● 在重点教程中，为了使解说内容明了易懂，特别使用了颜色显眼的编织线。
● 由于印刷材质的原因，本书显示的编织线颜色与标准色号略有色差。

重点教程

 衬袄　图片／P.8・9　步骤详解／P.10

＜肩部拼接・覆盖拼接＞ ※ 前后身片正面朝里摆放，用覆盖拼接的方法拼接肩部。

正面　反面

1 使用右前身片肩部的编织结束处的编织线进行拼接。使右前身片与后身片的肩部的针脚对齐重合。钩针沿箭头方向依次从边缘的针脚处入针。

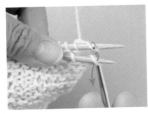

2 沿箭头方向，将对面织片的1针从手边织片的针脚处引出。

引出的1针

3 如图，对面织片上的针脚被引出，从棒针处分离。

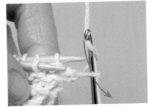

4 在钩针上绕线引出，如右图。

5 重复步骤 1 ~ 3 的动作在下 1 针处引拔。

6 绕线沿箭头方向一齐引拔，如右图。

7 重复步骤 1 ~ 4 的动作，依次引拔。

8 如图用覆盖拼接的方法接出右肩。

＜后领窝与衣领的拼接・针与行的拼接＞ ※ 平针编织的衣领从后中心开始覆盖拼接下身片上后，领窝处用针与行的拼接方法拼接。

1 将后身片的领窝与衣领正面相对摆放，将缝衣针从后身片的两针处入针，从衣领的编织行的针脚处入针引出。

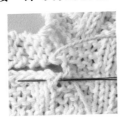

2 接下来，同样也从两针处入针引出。

3 由于衣领的行数多于领窝的针数，在拼接时可以适当地调整入针位置。

4 如图，沿箭头方向入针，边调整入针位置边拼接，保持针脚均匀，平衡。

5 如图，衣领拼接完成（图解中为了使读者能清楚地看清拼接线的走向，拼接地有松有紧，实际操作时请保持织片平整）。

＜穗结编绳＞

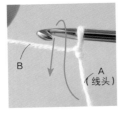

B　B　（线头）A

1 留出编绳总长 3 倍的线头，并钩 1 针辫子针的起针（参照 P 57），保持 A 线沿箭头方向绕在钩针上。

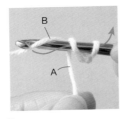

B　A

2 同时将 B 线也绕在钩针上，沿箭头方向引拔。

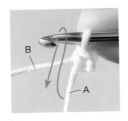

B　B　A

3 同步骤 1 将 A 线绕在钩针上。

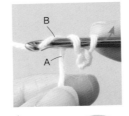

B　A

4 将 B 线绕在钩针上，沿箭头方向引拔，如右图。

B

5 重复步骤 3・4 的动作钩出指定长度的编绳，编织结束处，只需将 B 线绕在钩针上引拔出收尾即可。

③ ④ **小礼裙 & 婴儿裙** 图片／ P.12・16　步骤详解／ P.14

<袖的拼接法・引拔钉缝>

※ 将身片过肩与袖子织片正面朝里重合，钩织引拔针钉缝。

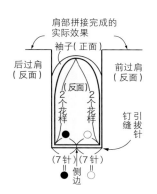

肩部拼接完成的
实际效果
袖子（正面）
后过肩（反面）　前过肩（反面）
（反面）
2个花样　2个花样
钉引缝针
（7针）（7针）
● ＝ 侧边

身片过肩部分（反面）

1 将身片过肩部分袖窿钩织针与钩织行对齐（即 ○・● 部分）从钩织起始处入针，绕线引拔。

2 从身片过肩处袖子侧边开始逐针挑针引拔。

3 保持织片平整，针脚均匀。

⑦ ⑩ **婴儿鞋**　图片／ P.20・21　步骤详解／ P.23

<脚跟的拼接・卷缝拼接>

4 用同样的方法将身片过肩处的袖肩部分引拔钉缝。

反面

5 如图，将袖子钉缝在袖窿处。

正面

1 将脚跟处的织片反面相对对准，取编织线两股，穿过缝衣针，从最边上的针脚处入针。

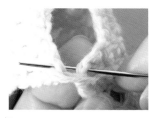

2 为保持针脚稳固，拼接开始时最好在同一针脚处反复穿引两次。

⑬ ⑭ **围兜**　图片／ P.25　步骤详解／ P.27

<渡线减针>

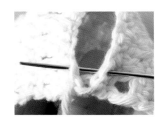

3 接下来逐针入针卷缝即可。

4 最后拼接结束后，将线头藏在织片反面处理即可。

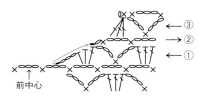

←③
←②
←①
前中心

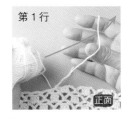

第1行
正面

1 从左前领窝处开始钩织，钩至第1行最后1针时，将线圈拉长，使线球从线圈处穿过。

2 抽紧编织线，固定针脚。

第2行
正面

3 从钩织起始处入针，保持编织线松紧适度如图，从针脚处引出。

引出的1针
正面

4 辫子针立1针后，将织片翻至反面。

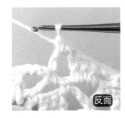

反面

5 翻面后钩1针短针，接下来按照记号图钩织即可。

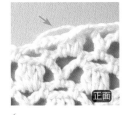

正面

6 如图，第2行也钩织完成了，钩织过程中请注意渡线（箭头所指）的松紧。

5

重点教程

 裹巾 图片／ P.29 步骤详解／ P.31

＜立体线球的织法＞

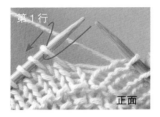

1 首先在指定的1针处钩1针上针，如右图。

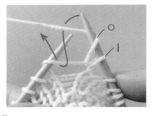

2 接下来钩1针挂针，再沿箭头方向钩1针上针（如步骤1）。

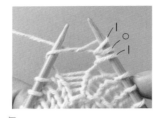

3 如图，上针，挂针，再1针上针。

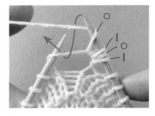

4 接下来同样编织挂针和上针（沿箭头方向）。

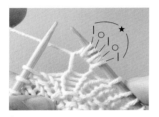

5 在同1针处织出5针。

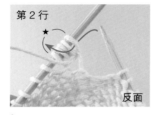

6 将织片翻至反面，在这5针处依次织下针。

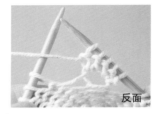

7 图为5针下针。

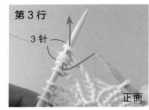

8 将织片翻回正面，沿箭头方向从最右侧的3针处入针，将它们移到右棒针上。

9 左棒针上余下来的2针处一齐钩1针上针。

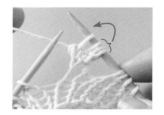

10 准备处理先前移好的3针。

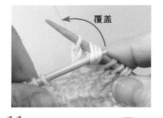

11 左棒针穿过移至右棒针的3针，挑起覆盖在左边针脚上方。右图为编织好的1粒线球。

12 按照针法记号图编织，如图，充满立体感的图案就完成了。

＜织片主体的拼接·起伏针钉缝＞

1 起伏针编织的织片正面朝下摆放，分别从织片边缘的半针处入针编织（参照图解）。

2 耐心地逐针缝合。

3 实际操作时最好将拼接线隐藏起来看不见为止（同时注意保持织片平整）。

(15) **多用小手包** 图片／P.28 步骤详解／P.30

<侧边的钉缝·辫子针钉缝>

※ 此处使用的是交替钩织引拔针和辫子针的（辫子针）钉缝方法，实际钉缝时需根据织片针脚的排列，灵活地增减辫子针的针数。

重复　←①

1 侧面 A·B 两织片正面相对，对折，如图从手包底侧入针引拔。

2 钩 2 针辫子针，从侧边入针引拔。

3 钩 1 针引拔针，如图为钩完"2针辫子针与 1 针引拔针"，接下来"钩 1 针辫子针，1 针引拔针"。

4 重复步骤 3 中"2 针辫子针与 1 针引拔针"与"钩 1 针辫子针，1 针引拔针"的织法进行钉缝。

(20) **背心裙** 图片／P.37 步骤详解／P.38

<装饰花的钩法与整理成型>

1 分别钩出花朵的主体（钩 3 行）与花蕊（钩 3 行）。

2 如图从花朵主体织片的第 1 行处入针，绕线引出。辫子针立 1 针，钩 1 针短针。

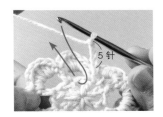

3 接下来钩 5 针，沿箭头方向入针，钩织短针。

4 钩出 1 个线圈。

5 重复同样的动作，1 圈钩 8 个线圈。

6 在 1 个线圈上钩织"1 针短针，1 针中长针，3 针长针以及 1 针短针"。

7 重复步骤 6"1 针短针，1 针中长针，3 针长针以及 1 针短针"内的动作，完成花朵的钩织。

8 在花朵中心处缝上事先钩好的花蕊，整理成型。

(24)(25) **休闲背带裙** 图片／P.44·45 步骤详解／P.46

<引拔针镶边>

※ 领窝与袖窿处用 1 股线镶边，裙摆处用 2 股线分别从织片反面用引拔针镶边。

1 从织片反面的上针处入针，绕线引拔。

2 下针处同样入针绕线引拔。

3 从编织行处挑针引拔时，只需从其中 1 针处入针引拔即可。

4 如图分别在针脚与编织行处引拔镶边。

5 将织片翻回正面，如图镶边完成。

粉色纯色衬袄

这款衬袄采取前面和服式的重合系带设计，便于母亲为宝宝脱卸。
粉色纯色的衬袄是专为女婴设计的，还特地在系带的两端增加了可爱的
花朵点缀。

步骤详解／P.10
重点教程／P.4

①　Vest

❀ 0 ～ 12 个月 ❀

米白 × 蓝色配色的衬袄

钩织针法与作品 1 完全相同，改变了系带的方向与配色，是宝宝专用的一款衬袄，这款衬袄的织片的凹凸感设计，使衬袄呈现出膨松柔软的质感，宝宝一定会喜欢。

步骤详解／P.10
重点教程／P.4

② Vest

● **作品 1 的编织用线及辅料**

Paume 婴儿色调

　91（粉红）…100g

● **作品 2 的编织用线及辅料**

Paume 婴儿色调

　95（蓝色）…55g

Paume（纯棉）婴儿色

　11（米白）…50g

● **编织用针**

5 号棒针、5/0 钩针

● **编织密度**

10cm 见方的织片 花样编织 22 针 x34 行

● **成品尺寸**

身围 60cm、衣长 30cm、肩背宽 22cm

● **步骤详解**

※ 衬袄 1 和 2 的主体部分编织方法相同。

1　编织身片与侧边

棒针起针 160 针，参照记号图钩织花样编织 48 行，织出侧边身片。

2　分别编织右前身片、后身片和左前身片

从侧边身片处入针，按照记号图一边减针一边编织起伏针。

3　拼接肩部，并且整理出后领窝

先拼接肩部与后领中心部分，然后将领窝与衣领处的钩织针与钩织行对齐，拼接（参照 P.4）。

4　钩织系带

用钩针钩 4 根穗结编绳备用。并在其中两根编绳上钩上装饰小物。

5　整理成型

将系带固定在指定的位置。

系带

穗结编绳（参照 P.4）

1　女款 = 粉红

2　男款 = 蓝色 ⎫ 各 4 根

23cm（60 针）

A = 不带装饰（2 根）

B = 带装饰（2 根）

系带处的装饰

1　女款　　　　2　男款

环

3cm

1.5cm

穗结编绳

① 覆盖拼接出肩部
（参照 P.4）

② △ 和 △ 处覆盖拼接
（参照 P.4）

③ ☆ 和 ☆
　★ 和 ★ ⎫ 同为钩织

同为钩织针与行的拼接（参照 P.4）

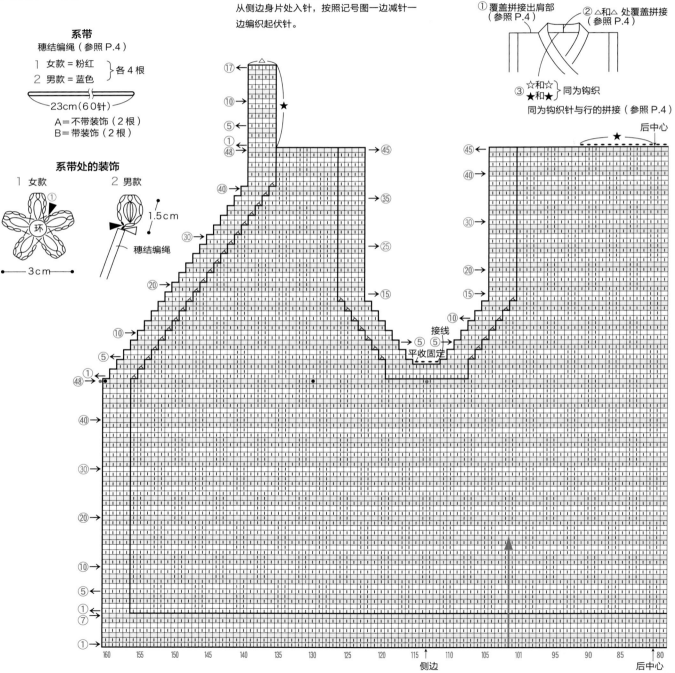

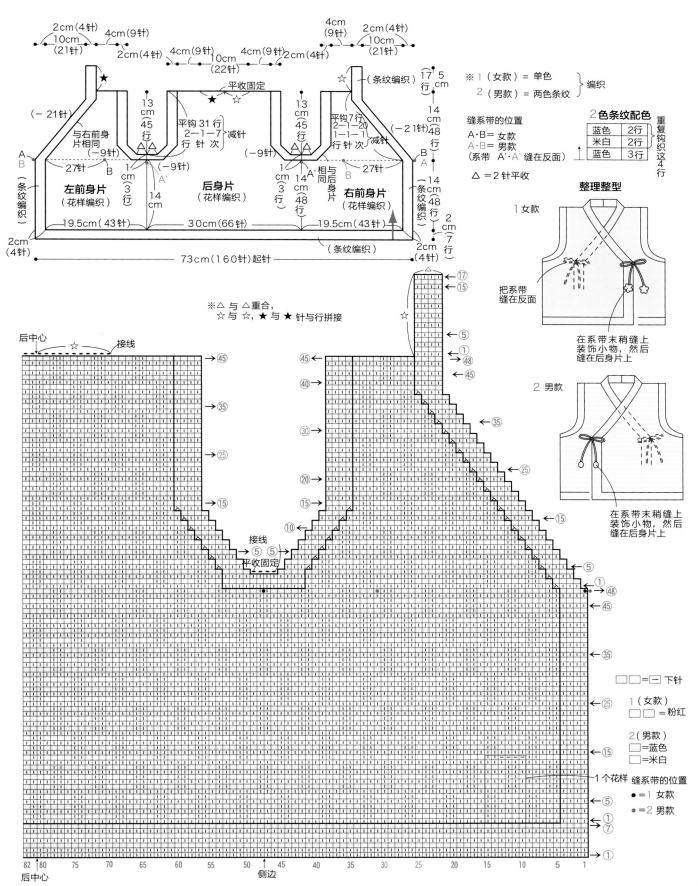

2cm(4针)
10cm(21针)   4cm(9针)
         2cm(4针)
                4cm(9针)   4cm(9针) 2cm(4针)
                      10cm(22针)
                                    4cm(9针)
                                    2cm(4针)
                                       10cm(21针)

★   平收固定   ☆   17 5行 cm
(−21针)   13cm   平钩31行 减针   13cm   14cm 48行
与右前身片相同   (45行)   2-1-7 针次   (45行)   平钩7行   (−21针)
        (−9针)   行   (−9针)   2-1-20 减针
A   27针   1cm(3行) (−9针)   1cm(3行) 1-1-1 行 针次   A   14cm 48行
B   A'   14cm   14cm 48行 A'   相与同后身片   B
                                                                                       27针
左前身片   后身片   右前身片
(花样编织)   (花样编织)   (花样编织)
                                                                          2cm(7行)
19.5cm(43针)   30cm(66针)   19.5cm(43针)
2cm(4针)   2cm(4针)
         73cm(160针)起针   14cm 48行
                    (条纹编织)

※1（女款）= 单色   编织
 2（男款）= 两色条纹

缝系带的位置
A·B= 女款
A·B= 男款
（系带 A'·A' 缝在反面）
△ = 2针平收

2色条纹配色
蓝色	2行	重复钩织这4行
米白	2行	
蓝色	3行	

整理整型
1 女款
把系带缝在反面
在系带末稍缝上装饰小物，然后缝在后身片上

2 男款
在系带末稍缝上装饰小物，然后缝在后身片上

※△ 与 △重合,
☆ 与 ☆, ★ 与 ★ 针与行拼接

后中心   接线
接线
平收固定

□□=□ 下针

1（女款）
□□=粉红

2（男款）
□=蓝色
□=米白

1个花样   缝系带的位置
●=1 女款
●=2 男款

后中心   侧边

小礼裙 & 婴儿裙

快为刚降生不久的天使送上一条纯色的小礼裙吧，在宝宝出院回家或出门

参拜神庙时穿上吧！

特别的日子让宝宝穿上这华丽精美的小礼裙最合适不过了吧~

步骤详解／P.14

重点教程／P.5

③ Ceremony dress

怀着对宝宝健康成长的祝福，为宝宝钩织精致的衣物。
这款小礼裙还精心设计了围兜（P.25）及多用小手包（P.28）等实用配件，
搭配成套装，是馈赠亲友的上好选择。

● **作品 3 的编织用线及辅料**
可爱宝贝〈纯棉〉
　　6（米白）…265g
直径 1.3cm 的珍珠纽扣…10 粒
直径 0.5cm 的珍珠串珠…4 粒
● **作品 4 的编织用线及辅料**
可爱宝贝〈纯棉〉
　　3（粉红）…270g
直径 1.3cm 的珍珠纽扣…10 粒
直径 0.5cm 的珍珠串珠…10 粒
● **编织用针**
3/0 号钩针

● **编织密度（10cm 见方的织片）**
花样编织 A　6.5cm=16 针，4.5cm=5 行
花样编织 B　25 针 ×11 行
● **成品尺寸**
胸围 56cm、衣长 48.5cm、肩背宽 22cm
袖长 22cm
● **步骤详解**
※ 作品 3 与 4 的主体部分编织方法相同。

1　钩织前后身片
辫子针起针 286 针，用花样编织 A 钩出前后身片。
2　制作褶皱
按照记号图挑针钩 1 行短针，且针数减至 137 针。
3　钩织过肩，并拼接出肩部
从短针处挑针，钩两行花样编织 B，按照记号图钩出左前过肩。且在指定位置接线，分别钩出后过肩与右前过肩，卷缝拼接出肩部。

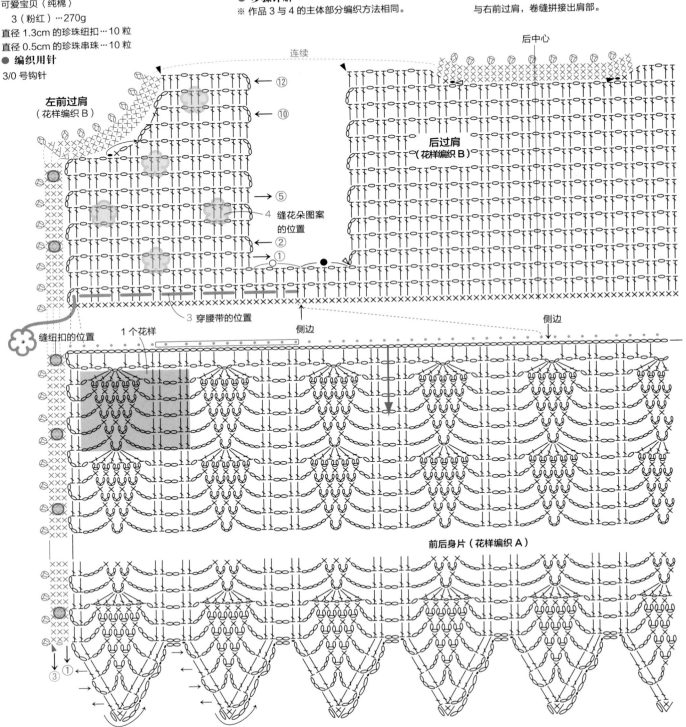

14

4 钩织缘编织
在右前身片的裙摆处接线，依次沿着衣摆、前端、领窝钩织缘编织来回钩 3 行。并在右前身片的第 2 行缘编织出扣眼。

5 钩出袖子，并缝在身片上
辫子针起 62 针，用花样编织 A 钩出袖子，用"钩织引拔针 1 针、2 针辫子针"即辫子针钉缝（参照 P.7）的方法钉缝袖下。后用引拔针钉缝（参照 P.5）的方法将袖子缝到身片上。

6 钩织袖口的系带
钩 100 针辫子针，当作袖口的系带，并在两头系成死扣。穿过袖口的位置，系成蝴蝶结。

7 钩织花朵图案
环编起针，钩织花朵图案备用，并在花朵正反两面的中心处各缝上一粒珍珠串珠做点缀。

8 钩织腰带
钩两条 128 针的穗结编绳，从侧边反面穿过过肩部分的第 2 行，然后在末端缝上花朵图案。

9 在前过肩处缝上两朵花朵图案（仅限作品 4）
在花朵中心缝上一粒珍珠串珠，然后安在前过肩的指定位置缝好固定。

10 在前襟处缝上扣子

※ 身片的钩织记号图与袖子的钩法请参阅 P.18 的内容
※ 花朵图案的钩法请参阅 P.19 的内容

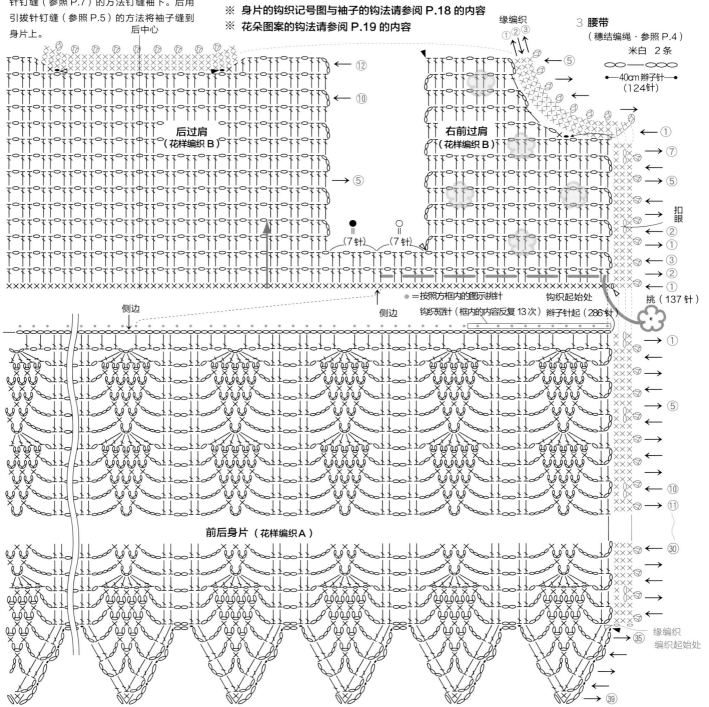

点缀花朵的婴儿裙

钩织方法与 P.12 的裙子完全相同，只是将米白色线更换成了粉红色的编织线，加上胸前点缀的花朵图案，可爱且华丽感十足。

步骤详解／P.14
重点教程／P.5

④ Baby dress

❀ 0 ～ 12 个月 ❀

和 P.21 和 P.25 的小物搭配成套，编织一件同款风格的华丽小礼裙，
在特别的日子里让宝宝穿上，看她们尽情地绽放笑容。

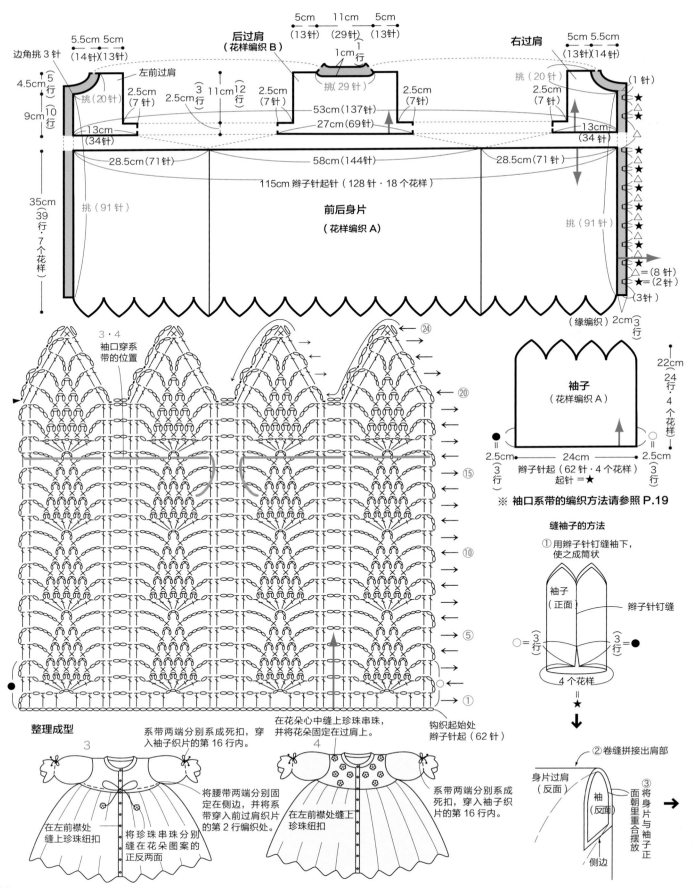

边角挑 3 针
5.5cm 5cm
（14针）（13针）
左前过肩
挑（20针）
2.5cm
（7针）
2.5cm
13cm
（34针）

后过肩
（花样编织 B）
5cm 11cm 5cm
（13针）（29针）（13针）
1cm 1行
挑（29针）
2.5cm
（7针）
2.5cm
（7针）
53cm（137针）
27cm（69针）

右过肩
5cm 5.5cm
（13针）（14针）
挑（20针）
（1针）
2.5cm
（7针）
13cm
（34针）

4.5cm 5行
9cm 10行
35cm（39行·7个花样）

挑（91针）
28.5cm（71针）
58cm（144针）
115cm 辫子针起针（128 针·18 个花样）

前后身片
（花样编织 A）

28.5cm（71针）
挑（91针）

△=（8 针）
★=（2 针）
（3针）

（缘编织）2cm 3行

3·4
袖口穿系带的位置

24 行

袖子
（花样编织 A）

22cm
（24行·4个花样）

2.5cm 3行
●=
辫子针起（62 针·4 个花样）
起针 =★
○=
2.5cm 3行
24cm

※ 袖口系带的编织方法请参照 P.19

缝袖子的方法
① 用辫子针钉缝袖下，
使之成筒状

袖子
（正面）
辫子针钉缝
○=3行
★=
●=3行
4 个花样

② 卷缝拼接出肩部
身片过肩
（反面）
袖
（反面）
侧边
③ 将身片与袖子正面朝里重合摆放

钩织起始处
辫子针起（62 针）

整理成型

3
在左前襟处缝上珍珠纽扣
系带两端分别系成死扣，穿入袖子织片的第 16 行内。
将珍珠串珠分别缝在花朵图案的正反两面

4
在花朵心中缝上珍珠串珠，并将花朵固定在过肩上。
将腰带两端分别固定在侧边，并将系带穿入前过肩织片的第 2 行编织处。
在左前襟处缝上珍珠纽扣
系带两端分别系成死扣，穿入袖子织片的第 16 行内。

18

● **作品的 5 的编织用线及辅料**

可爱宝贝〔纯棉〕
　6（米白）···30g

● **作品 8 的编织用线及辅料**

可爱宝贝〔纯棉〕
　3（粉红）···33g
直径 0.5cm 的珍珠串珠···12 粒

● **编织用针**　3/0 号钩针

● **成品尺寸**　参照记号图

● **步骤详解**

※ 作品 5 和作品 8 主体的编织方法相同。

1　钩织主体

辫子针起 23 针，从后脑勺部分
开始钩织花样编织，钩 15 行，钩至帽沿，
接着在第 15 行处沿颈围边缘钩 1 行用于
穿系带，接下来要在帽沿处钩织缘编织，
作品 5，钩织缘编织。作品 8，缘编织与
作品 5 相似，但是没有狗牙针。钩完
缘织后剪下线头。

2　整理成型

作品 5 钩 1 条带装饰的穗结编绳（钩法参照 P.4）。
穿过颈围处的编织行，作品 8，钩 10 片花朵图案，
其 8 片花心处点缀上珍珠串珠，均匀地缝合在帽沿
上，剩余两片同样也在花心处缝上串珠，装饰在
系带两端。

花朵花心处缝上
串珠固定在帽沿

80cm 长的
穗结编绳
（钩法参照 P.4）　花朵图案

作品 5·8 钩法相同

主体

5··· 米白
8··· 粉红

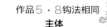

8
缝花朵
的位置

系带①→
①

穿入系带的位置　钩织起始处辫子针（起 23 针）　作品 5 的缘编织

接上缝袖子的方法

④将身片的袖隆与袖子按记号对齐，用引拔
针缝的方法钉缝。（具体操作方法参照 P.5）

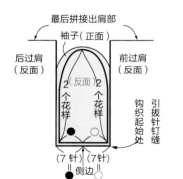

最后拼接出肩部
袖子（正面）
后过肩（反面）　前过肩（反面）
2（反面）
2
个
花
样　2
个
花
样
钩织起始处
引拔针钉缝
（7 针）（7 针）
‖ 侧边 ‖

花朵主题图案
米白色 2 片·粉红色 10 片
※ 米白色花朵完成后在
花朵中心处缝上串珠

环
2.5cm

袖口的系带
米白色·粉红色各 2 根

38cm 辫子针（100 针）
系带两头系成死扣

系带的整理

5 装饰花　米白色
2.5cm
①
接着穗结
编绳继续编织
80cm 长的穗结编绳
在系带的另一端同样钩
上装饰花
※ 穗结编织的钩法请参照 P.4

8 花朵图案　粉红色
10 片
①
2.5cm
环
②在花朵图案集
正反两面的花
心处都各缝上
1 粒串珠
①将钩好
的花朵
图案缝
在系带
上
80cm 穗
结编绳

※ 作品 8 的编织与作品 5 基本相同，去掉
作品 5 的狗牙针（ ）即可

※ 作品 5 与作品 8 在将系带穿入颈围时同
样都是在系带的一头缝上装饰
花，分别
穿过颈围处的编织行，最后在系带的另
一头也钩上装饰花

17cm　16.5cm
5　8
19cm

米白色的婴儿帽&连指手套&婴儿鞋套装

这一套温暖小物套装将我们的小天使包裹在其中，
给予最温柔的呵护，因为会直接接触到幼嫩的皮肤，
所以请务必谨慎选择编织用线。

步骤详解／5···P.19　6···P.22　7···P.23
重点教程／7···P.5

⑤ *Bonnet*

⑥ *Mitten*

⑦ *Shoes*

粉色的婴儿帽&连指手套&婴儿鞋套装

这套作品使用与 P.16 婴儿裙同样的花朵主题图案。
特别值得一提的是，套装里的婴儿帽钩织的是缕空花样，透气性非常好。

步骤详解／8···P.19　9···P.22　10···P.23
重点教程／10···P.5

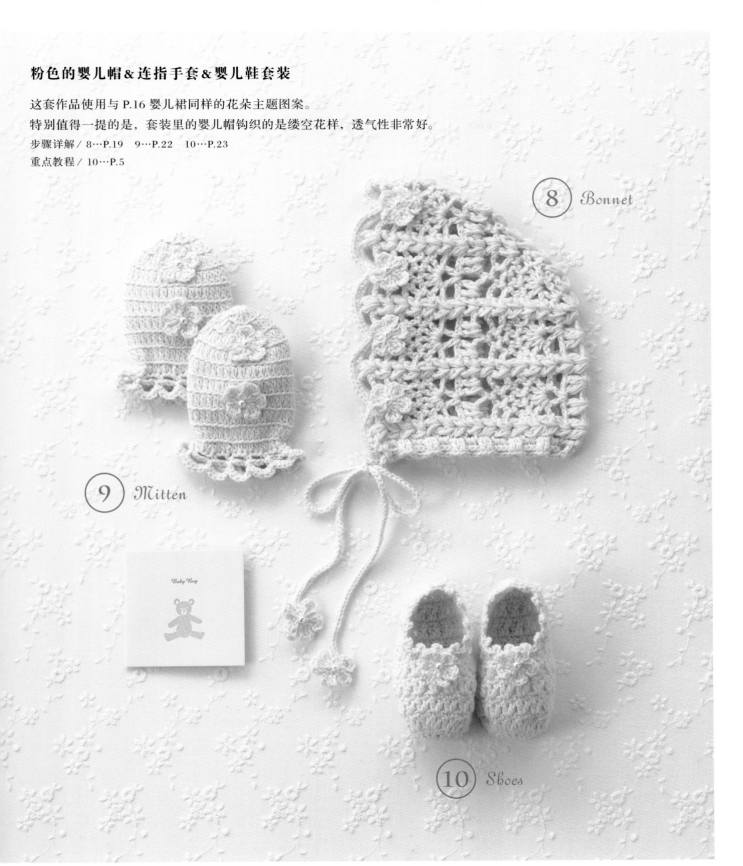

连指手套 ❀ 0~12 个月 ❀ 图片 /6…P.20、9…P.21

● **作品 6 的编织用线及辅料**

可爱宝贝…〈纯棉〉
　6（米白）…20g
橡皮筋…15cm×2条

● **作品 9 的编织用线及辅料**

可爱宝贝…〈纯棉〉
　3（粉红）…20g
直径0.5cm的珍珠串珠…4粒
橡皮筋…15cm×2条

● **编织用针**

3/0号钩针

● **成品尺寸**

参照记号图

● **步骤详解**

※作品6与作品9的主体钩织方法相同。

1 **钩织主体**

编织线绕圈起针，从指尖部分开始钩织，钩向手腕，钩成袋状。

2 **整理成型**

从主体织片的第10行编织行处穿入橡皮筋，钩2条花纹装饰带与4枚花朵图案，分别缝在作品6与作品9的手背位置。最后不要忘记在花朵中心缝上串珠。

※作品 6 与作品9 除缘编织外其余部分的钩法相同。

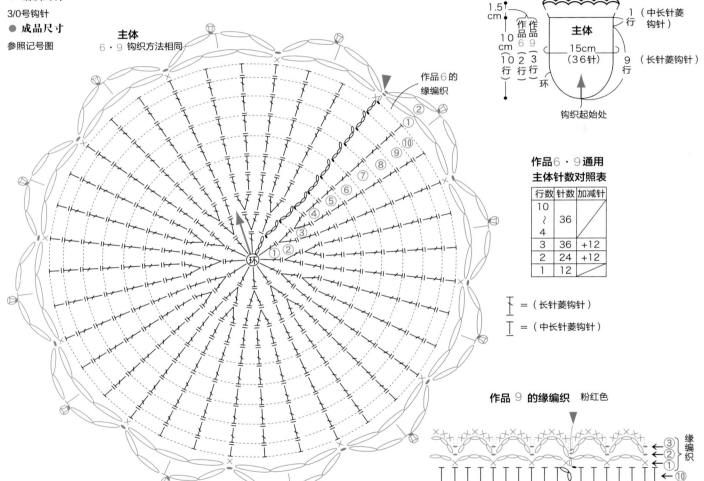

主体
6·9 钩织方法相同

作品 6 的缘编织

（缘编织）
主体
15cm
（36针）
1.5cm
10cm
10行 作品6 2行 作品9 3行
环
钩织起始处
1（中长针菱钩针）行
9（长针菱钩针）行

作品6·9通用
主体针数对照表

行数	针数	加减针
10 ≀ 4	36	
3	36	+12
2	24	+12
1	12	

$\mathbf{\mathsf{\mathsf{T}}}$ =（长针菱钩针）

$\mathbf{\mathsf{\mathsf{T}}}$ =（中长针菱钩针）

作品 9 的缘编织　粉红色

③②① 缘编织
⑩

※参照作品6缘编织的钩法钩出作品9缘编织的第1行。

作品6的花纹装饰带　2条　米白色

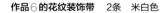

钩织起始处
辫子针（25针）

作品9·10花朵图案　粉红色

9…4朵
10…2朵

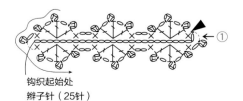

①
环

2.5cm

整理

6　　　9

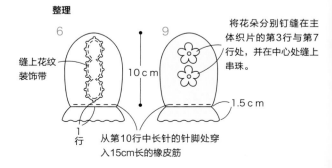

缝上花纹装饰带

10 cm

1.5 cm

1行

将花朵分别钉缝在主体织片的第3行与第7行处，并在中心处缝上串珠。

从第10行中长针的针脚处穿入15cm长的橡皮筋

22

婴儿鞋 ❀ 0~12 个月 ❀ 图片 /7…P.20、10…P.21 重点教程 /P.5

● 作品 7 的编织用线及辅料

可爱宝贝〈纯棉〉
6（米白）…27g

● 作品 10 的编织用线及辅料

可爱宝贝〈纯棉〉
3（粉红）…20g
直径0.5cm的珍珠串珠…2粒

● 编织用针

3/0号钩针

● 成品尺寸

参照记号图

● 步骤详解

※作品7与作品10主体织片的钩织方法相同，
开口处分别钩上不同的缘编织即可。

1 钩织主体

环形起针钩11行，钩出脚尖部分，然后接着来
回钩织8行。

2 拼接上脚跟侧边部分，开口处织缘编织

脚跟侧边的织片对齐，用卷缝拼接（参照
P.5）的方法拼接，分别在作品7钩4行，作品

10钩1行缘编织。

3 整理成型

钩出系带2条，穿过作品7的指定位置。另钩花朵
立体图案2片，中心处点缀上串珠，缝在开口中央
位置。

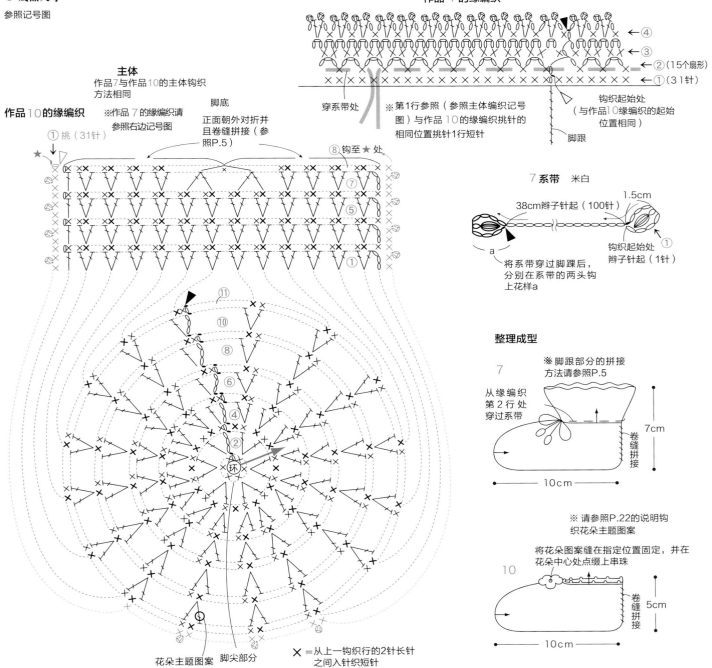

作品 7 的缘编织

←④
←③
←②（15个扇形）
←①（31针）

穿系带处

※第1行参照（参照主体编织记号
图）与作品10的缘编织挑针的
相同位置挑针1行短针

钩织起始处
（与作品10缘编织的起始
位置相同）

脚跟

主体

作品7与作品10的主体钩织
方法相同

脚底
正面朝外对折并
且卷缝拼接（参
照P.5）

作品10的缘编织

①挑（31针）

※作品 7 的缘编织请
参照右边记号图

⑧钩至 ★ 处

⑦
⑤
①

7系带 米白

1.5cm

38cm辫子针起（100针）

钩织起始处
辫子针起（1针）

a
将系带穿过脚踝后，
分别在系带的两头钩
上花样a

⑪
⑩
⑧
⑥
④
②
环

花朵主题图案
的位置

脚尖部分

✕ =从上一钩织行的2针长针
之间入针织短针

整理成型

7

※脚跟部分的拼接
方法请参照P.5

从缘编织
第2行处
穿过系带

7cm

卷缝
拼接

10cm

※请参照P.22的说明钩
织花朵主题图案

将花朵图案缝在指定位置固定，并在
花朵中心处点缀上串珠

10

5cm

卷缝
拼接

10cm

23

婴儿袜

选用颜色自然素雅的有机棉线钩织而成的婴儿袜，
尤其是作品 11 特别设计的主题图案会随着宝宝的走动
前后摇摆，尤其可爱。

步骤详解／P.26

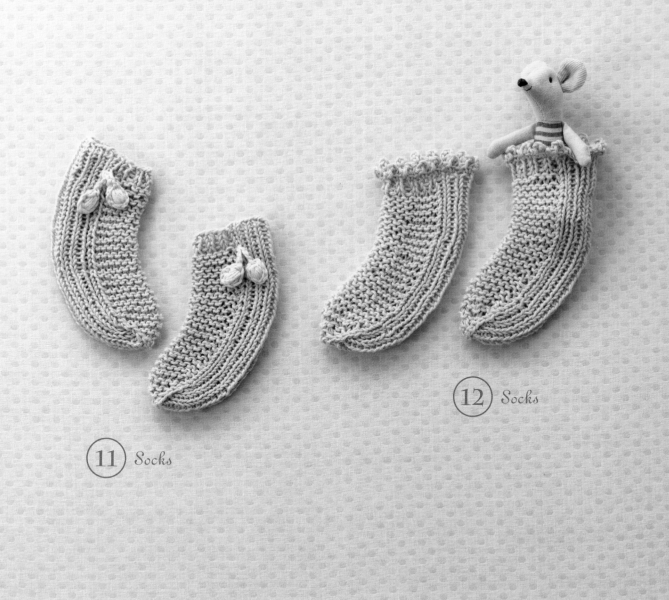

⑪ *Socks*

⑫ *Socks*

❀ 0 ~ 12 个月 ❀

小动物主题的围兜

在围兜上钩上兔子与小熊的脸，
非常可爱的设计，
宝宝看到这么可爱的小动物一定会很开心。

步骤详解／P.27
重点教程／P.5

14 Bib

13 Bib

● **作品 11 的编织用线及辅料**

Paume〈有机彩棉〉
　42（米黄）…18g
Paume〈有机非染色棉〉knit
　21(本白)…1g

● **作品 12 的编织用线及辅料**

Paume〈有机彩棉〉
　43（橡皮粉）…20g

● **编织用针**

5号棒针、5/0号钩针

● **编织密度**

（10cm 见方的织片）
单罗纹针与起伏针密度均为：23针x32行

● **成品尺寸**

均码

● **步骤详解**

※作品11与作品12立体的钩织方法相同

1　钩织主体

正常起针后绕成圈，从脚腕开始棒针织4行单罗纹针，然后交叉编织单罗纹针与起伏针，织至脚尖附近，接下来3针并1针，一边减针一边编织出脚尖部分，如此织6行。

2　整理出脚尖。

在余下四针处入针，穿线收针。

3　在袜子主体上钩上缘编织（仅作品12）

作品12的脚腕处还要钩1行缘编织

4　制作装饰（仅作品11）

按照记号图，用本白色线钩出装饰小物，缝在指定位置固定。

作品 11 的装饰小物 ※左右对称缝在两边
2条　本白色

主体　作品11·12主体的编织方法相同

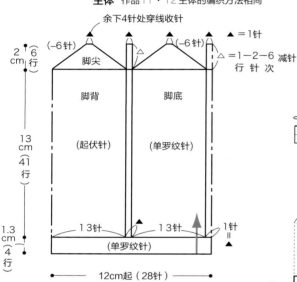

整理

11　缝上装饰

12　缘编织

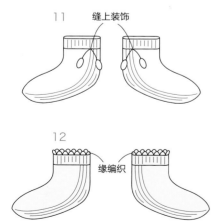

作品12的缘编织

作品11·12主体的编织方法相同
主体编织记号图　□=— 下针

● = 装饰物固定处

● **作品 13 的编织用线及辅料**
可爱宝贝〈纯棉〉
　3(粉红)…23g
wash cotton
　13(黑色)…少许
● **作品 14 的编织用线及辅料**
可爱宝贝〈纯棉〉
　6(本白)…23g
wash cotton
　13(黑色)…少许
● **编织用针**　3/0 号钩针
● **成品尺寸**　参照记号图
● **步骤详解**
※作品3·14的主体钩法相同。
1 钩织主体
辫子针起针31针,钩17行花样编织后,按照记号图分别钩出左右织片,围围兜主体四周钩1圈短针,使成品整齐美观,并沿着边缘的短针继续钩织出系带,然后钩出领窝,接着继续钩织出另1根系带。

2 整理
分别用短针钩出贴布装饰用的兔子(作品13)、小熊(作品14)织片,并用黑色编织线绣出眼睛、鼻子和嘴巴,将其缝在主体上固定。

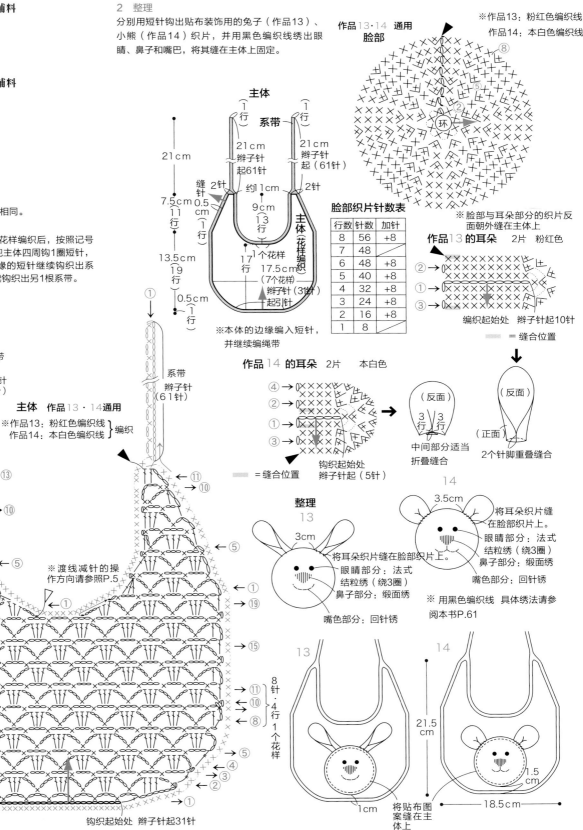

脸部织片针数表

行数	针数	加针
8	56	+8
7	48	
6	48	+8
5	40	+8
4	32	+8
3	24	+8
2	16	+8
1	8	

多用小手包

这款手包的尺寸适中，不仅可以当作便捷小手包使用，

也可以派上其他用途，是一款非常多功能的作品。

不妨与其他宝宝小衣物搭配成套装，

赠送给即将当妈妈的亲友，送上你真挚的祝福。

步骤详解／ P.30

重点教程／ P.7

裹巾

这款裹巾是由两片长方形织片在中间拼接而成的一块正方形织片。当然如果两织片侧面拼接的话，裹巾就变成了披肩。宝宝长大后这款裹巾也可以用在合适的场合。

步骤详解／ P.31
重点教程／ P.6

16 *Blanket*

● 编织用线及辅料

paume　棉麻混纺
　　202（米黄）…32g
　　201（白色）…12g
　　直径1.8cm的纽扣…1粒

● 编织用针

5/0号钩针

● 成品尺寸

参照记号图

● 步骤详解

1　钩织主体

辫子针起41针，用花样编织分别出前面A、背面B与翻盖织片的时候，使用不同颜色的编织线织出条纹花样会更漂亮。

2　整理

将织片主体正面相对重合，沿底边折叠，用辫子针钉缝（参照P.7），然后将口袋翻面，使正面朝外，分别在开口与翻盖边缘织1圈短针与缘编织。并在正面指定位置缝上一粒纽扣，不需要特别开扣眼，利用织片镂空花样之间的空隙即可。

1　分别钩出前面 A、背面 B 与翻盖织片

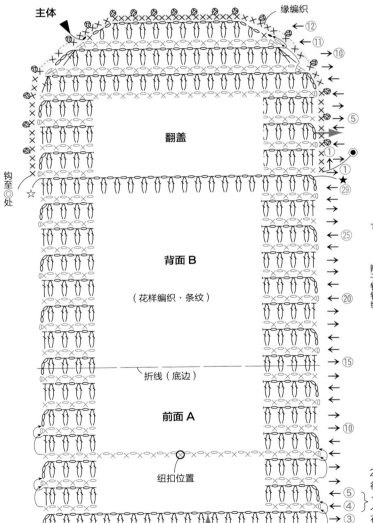

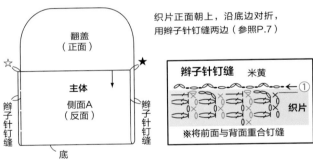

2　织片正面朝上，沿底边对折，并用辫子针钉缝出侧边

织片正面朝上，沿底边对折，用辫子针钉缝两边（参照P.7）

辫子针钉缝　米黄
※将前面与背面重合钉缝
① 织片

3　在开口处 1 行短针，并沿翻盖边缘钩 1 行缘编织

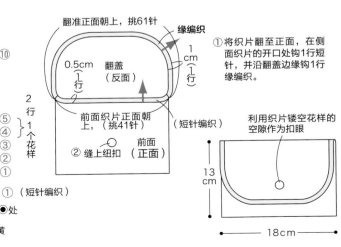

①将织片翻至正面，在侧面织片的开口处钩1行短针，并沿翻盖边缘钩1行缘编织。

利用织片镂空花样的空隙作为扣眼

—— =米黄
—— =白
—— =白

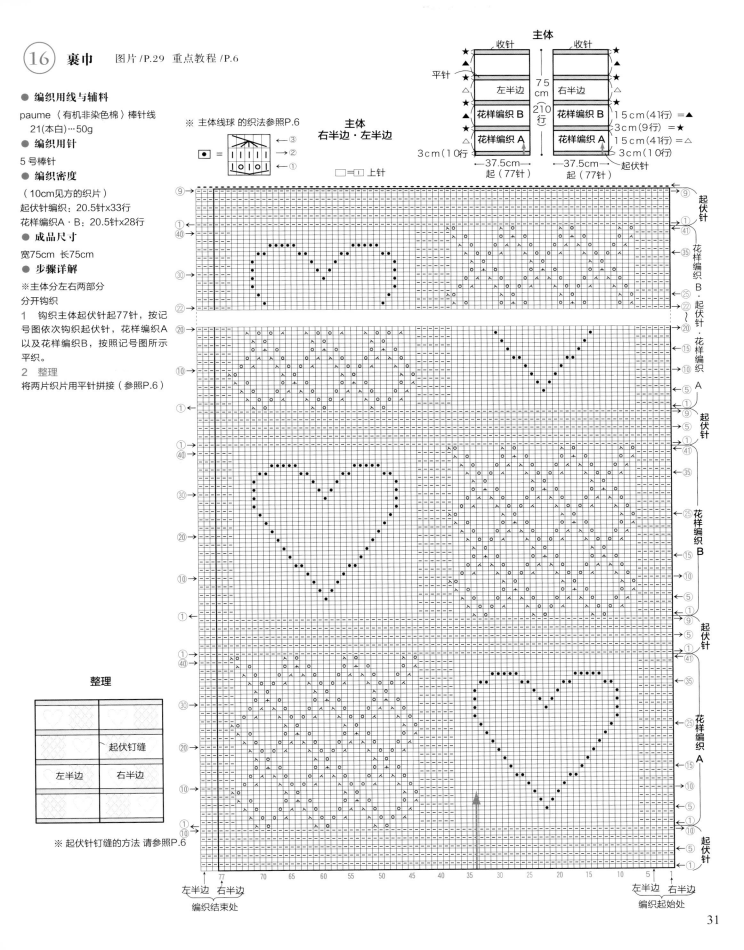

(16) 裹巾　图片/P.29　重点教程/P.6

● 编织用线与辅料
paume〈有机非染色棉〉棒针线
　21(本白)…50g

● 编织用针
5号棒针

● 编织密度
（10cm见方的织片）
起伏针编织：20.5针×33行
花样编织A·B：20.5针×28行

● 成品尺寸
宽75cm 长75cm

● 步骤详解
※主体分左右两部分
分开钩织

1 钩织主体起伏针起77针，按记号图依次钩织起伏针，花样编织A以及花样编织B，按照记号图所示平织。

2 整理
将两片织片用平针拼接（参照P.6）

※ 主体线球 的织法参照P.6

● = ||||| →③
     ||||| →②
     |O|O| →①

□=1 上针

整理

※ 起伏针钉缝的方法 请参照P.6

扇贝花边斗篷

夏季拥有一款斗篷，既可阻挡外出时的紫外线，
又可抵御空调房的冷气，便利又实用。
可以使用不同粗细的编织线，钩出尺寸不一的成品。

步骤详解／P.34

17 Cape

❀ 0 ～ 12 个月 ❀

18 Cape

❀ 12 ～ 24 个月 ❀

这款斗篷使用了层次感分明的段染线，
搭配婴儿裙或连衣裙简单完美。

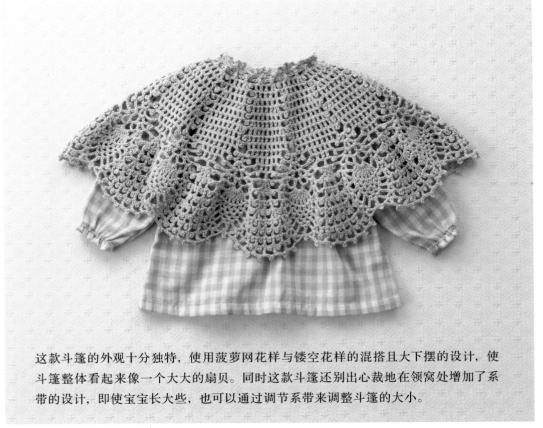

这款斗篷的外观十分独特，使用菠萝网花样与镂空花样的混搭且大下摆的设计，使
斗篷整体看起来像一个大大的扇贝。同时这款斗篷还别出心裁地在领窝处增加了系
带的设计，即使宝宝长大些，也可以通过调节系带来调整斗篷的大小。

17 斗篷 ❁ 0~12 个月 ❁ 图片 /P.32　　⑱ 斗篷 ❁ 12~24 个月 ❁ 图片 /P.32

● **作品 17 的编织用线及辅料**

Wash Cotton〈Grochet〉段染
　202（粉色混染）…65g

● **作品 18 的编织用线及辅料**

Paume〈有机彩棉〉
　42（米黄）…120g

● **编织用针**

17…3/0号钩针
18…4/0号钩针

● **成品尺寸**　参照记号图

● **步骤详解**

※ 作品 17·18 本体的编织方法相同

1　钩织主体

辫子针起 64 针，依照记号图钩 22 针花样编织，接下来沿前端和领窝依次钩 1 行缘编织。

2　钩织系带

参照 P4 所介绍的穗结的编织方法编一条系带。

3　钩织系带两端的装饰物，并固定。

分别按照记号图，钩织作品 17 和 18 的装饰物各 2 枚。

4　整理

将系带穿过主体织片第 1 行编织行处，并在系带两端分别缝上装饰物。

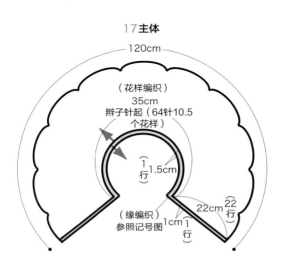

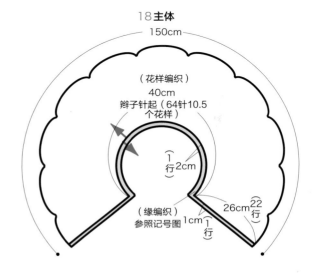

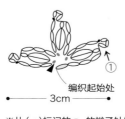

作品 **17** 的系带装饰小物　2片

作品 **18** 的系带装饰小物　2片

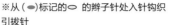

※从（●）标记的 ○ 的辫子针处入针钩织
引拔针

作品 **17** 的系带　1条　　作品 **18** 的系带　1条
（穗结编绳）　　　　　（穗结编绳）

90cm
（300 针）

90cm
（196 针）

※穗结编绳的编织方法参见P.4

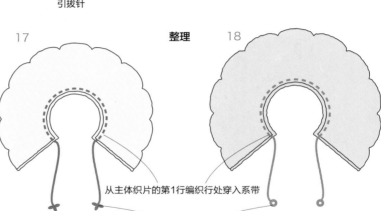

整理

从主体织片的第1行编织行处穿入系带

在系带的两头缝上装饰

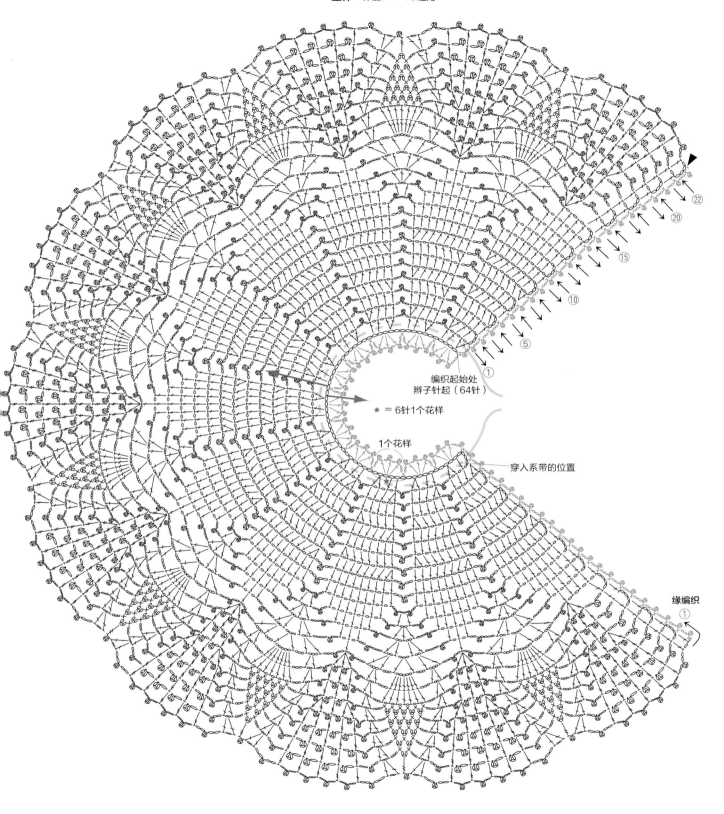

编织起始处
辫子针起（64针）

★＝6针1个花样

1个花样

穿入系带的位置

缘编织
①

②②

②⓪

⑮

⑩

⑤

①

花边背心裙

对于宝宝日常穿着的衣物推荐使用可以整件洗的编织线，裙摆处的镂空设计使这款背心裙拥有良好的透气性，对易出汗的宝宝来说是非常完美的选择。

步骤详解／P.38

19 Tunic vest

❀ 0 ～ 12 个月 ❀

带装饰花的背心裙

立体的编织方法与作品 19 完全相同，只是使用了较粗的编织线，
成衣的尺码比作品 19 要大。
胸前同色编织线编织的装饰花是一大亮点。

步骤详解 / P.38
重要教程 / P.7

⑳ Tunic vest

❀ 12 ～ 24 个月 ❀

⑲ 背心裙 ❀ 0~12 个月 ❀ 图片 /P.36

⑳ 背心裙 ❀ 12~24 个月 ❀ 图片 /P.37　重点教程 /P.7

● 作品 19 的编织用线及辅料

wash cotton
　2（本白）…200g
直径1.5cm的纽扣…7粒

● 作品 20 的编织用线及辅料

Paume〈有机彩棉〉
　44（粉红）…205g
直径1.5cm的纽扣…3粒
长3cm的胸针…1枚

● 编织用针

19…4/0号钩针
20…5/0号钩针

● 编织密度（10cm 见方的织片）

19…花样编织2.8个花样X14行、长针24针X11行
20…花样编织2.4个花样X12行、长针23针X10行

● 成品尺寸

19…胸围57.2cm、衣长34cm、肩背宽24.4cm
20…胸围59.5cm、衣长38.5cm、肩背宽27cm

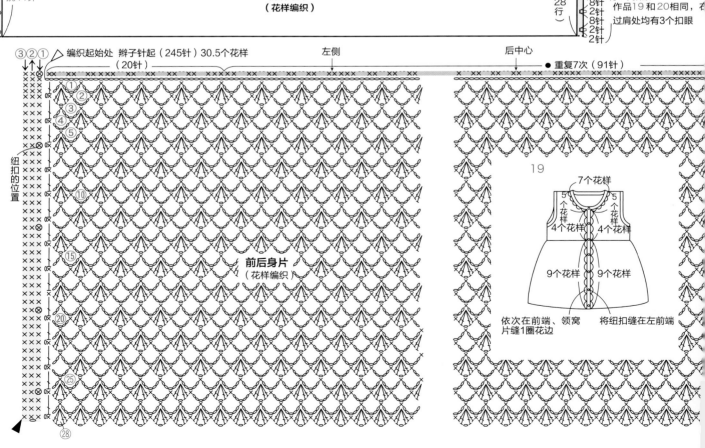

● **步骤详解**

※作品19与20的钩织针数与行数相同。

1 从身片过渡分界处入针钩织
下半部分的前后身片辫子针起针249针，花样编织平钩28行。

2 从身片过渡分界处向上钩织过肩
从前后身片的起针行挑134针，长针4行，接下来按记号图分别钩织右前过肩、后过肩、左前过肩。

3 整理身片
卷针拼接出肩部，然后沿着前后领窝、左右袖隆边缘钩3行短针，前襟处也同样钩织短针，钩织时注意作品19需留7个扣眼，而作品20需留3个扣眼，最后在指定位置缝上纽扣。

4 钩织花边（仅作品19）
钩织花边，将花边钉缝在前襟及领窝处。

5 钩织装饰花（仅作品20）
钩织花朵主题图案（步骤详见P.9）。整理成型后，在反面缝上胸针，将装饰花缝在喜欢的位置。

作品19的花边

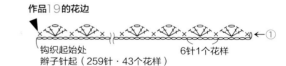

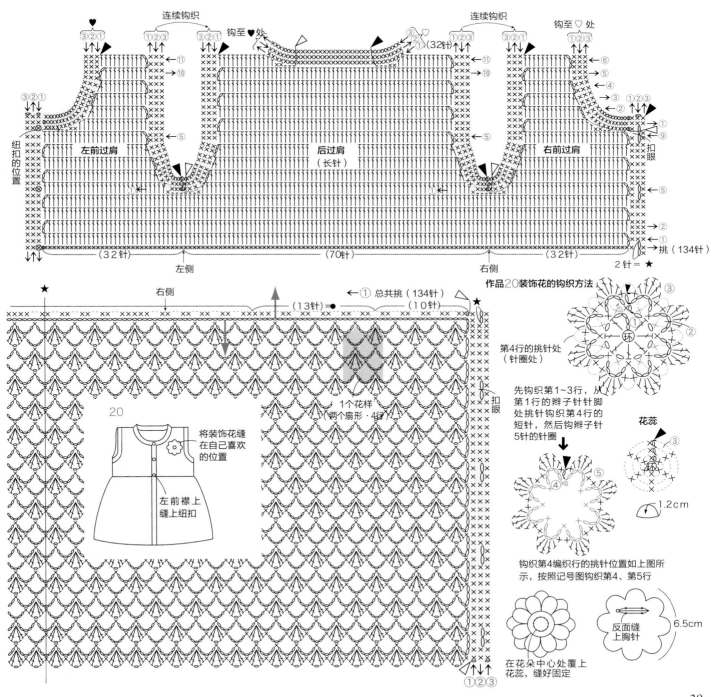

39

熊耳朵帽子

给孩子戴上这款熊耳朵造型的帽子，你的孩子1秒钟迅速变身成可爱的熊宝宝，憨态可掬，你和宝宝一定会很喜欢。

步骤详解／P.42

㉑ *Cap*

❀ *12～24个月* ❀

草莓圆帽与花边帽

这两款帽子使用的钩织线材料是超耐水洗的类型，很耐用。作品 22 的草莓装饰不仅可以用在帽子上，还可以用在其他衣服上，甚至可以用作孩子妈妈的小饰物。

步骤详解／P.42

22 Cap

23 Cap

● **作品 21 的编织用线及辅料**

wash cotton
　　11(茶褐色)…60g

● **作品 22 的编织用线及辅料**

wash cotton
　　21(草绿色)…43g
　　10(红色)…5g
　　24（绿色）…4g
长3cm的胸针…1枚
填充棉…少许

● **作品 23 的编织用线及辅料**

19（粉色）…48g

● **编织用针**　4/0 号钩针

● **成品尺寸**　参照记号图

● **步骤详解**

※作品21·22·23帽子主体的钩织方法相同

1　钩织主体

编织线绕环起针，保持织片正面朝上，参照记号图钩
19行。

2　钩织缘编织

作品21…缘编织A钩4行
作品22…缘编织B钩3行
作品23…缘编织C钩5行

3　整理

作品21…参照记号图钩2只耳朵，缝出褶纹并缝在
指定位置。

作品22…分别钩出草莓、花萼、叶子和茎，接照图
示缝好固定，在反面缝上胸针。

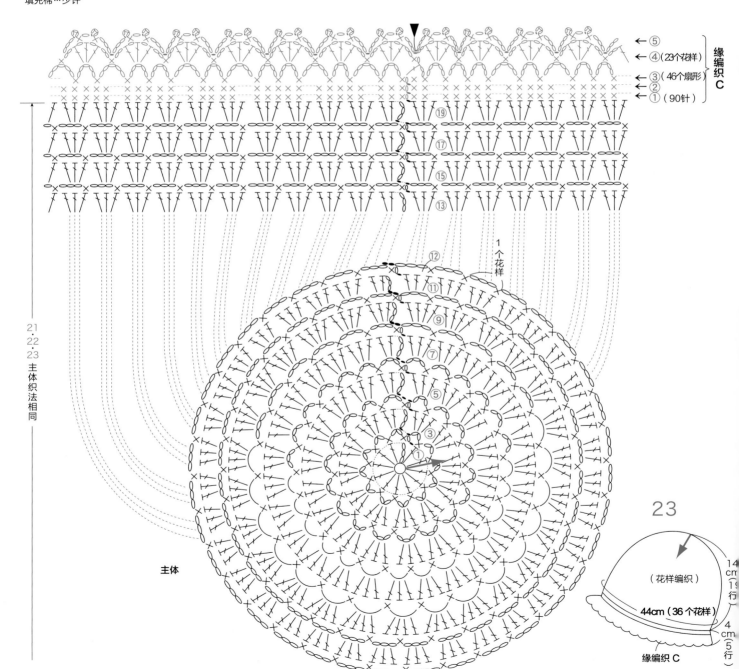

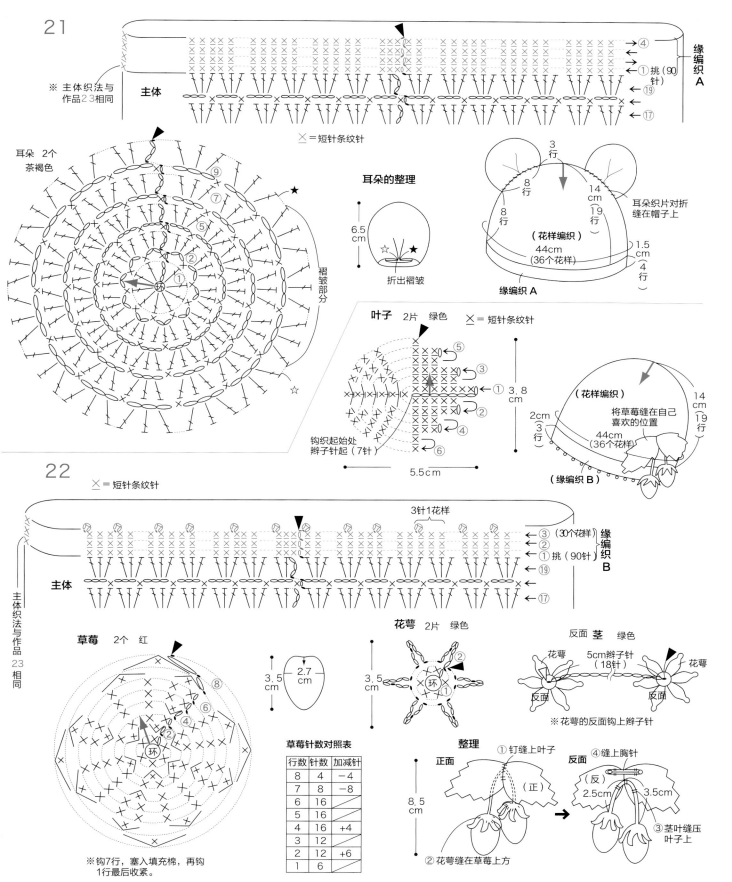

21

※ 主体织法与作品23相同

主体

✕ = 短针条纹针

④
①挑（90针）
⑲
⑰
缘编织 A

耳朵 2个 茶褐色

⑨ ⑦ ⑤ ② ① 环

褶皱部分

耳朵的整理

6.5 cm

折出褶皱

3行
8行
14cm（19行）
8行
耳朵织片对折缝在帽子上
（花样编织）
44cm（36个花样）
1.5cm（4行）
缘编织 A

叶子 2片 绿色   ✕ = 短针条纹针

⑤ ③ ① 3.8cm ② ④ ⑥

钩织起始处
辫子针起（7针）

5.5cm

（花样编织）
将草莓缝在自己喜欢的位置
14cm（19行）
2cm（3行）
44cm（36个花样）
（缘编织 B）

22

✕ = 短针条纹针

3针1花样

③（30个花样）
②
①挑（90针）
⑲
⑰
缘编织 B

主体

主体织法与作品23相同

草莓 2个 红

⑧ ⑥ ④ ② 环

※钩7行，塞入填充棉，再钩
1行最后收紧。

3.5cm 2.7cm

花萼 2片 绿色

② ① 环

3.5cm

反面 茎 绿色

花萼
5cm辫子针（18针）
花萼
反面
反面

※花萼的反面钩上辫子针

草莓针数对照表

行数	针数	加减针
8	4	−4
7	8	−8
6	16	
5	16	
4	16	+4
3	12	
2	12	+6
1	6	

整理

正面
①钉缝上叶子
（正）
8.5cm
②花萼缝在草莓上方

反面
④缝上胸针
（反）
2.5cm 3.5cm
③茎叶缝压叶子上

43

24 Jumper skirt

浅棕色休闲背带裙

这款大地色系的休闲背带裙穿在略成熟的女孩子身上越发显得娴静懂事。
裙摆处精心搭配的波浪花纹是一大亮点。

步骤详解 / P.46
重点教程 / P.7

❀ 12 ～ 24 个月 ❀

海军风休闲背带裙&短裤套装

选用清爽的湖蓝色编织线，与米白色的搭配相映成趣。非常亮眼的法式海军风配色，与同色系的短裤搭成套装，无需费心思搭配，十分便利。

步骤详解／25…P.46　26…P.62
重点教程／25…P.7

㉕ Jumper skirt

㉖ Pants

● **作品 24 的编织用线及辅料**

wash cotton
　23（浅棕色）…156g
　直径1.5cm宽的纽扣2粒
● **作品 25 的编织用线及辅料**

wash cotton
　26（湖蓝色）…140g
　2（本白）…20g
● **编织用针**

5号棒针
4/0号钩针
● **编织密度（10cm 见方的织片）**

平针编织：22针x29.5行
单罗纹针编织：29针x30行
花样编织：22针x34行

● **成品尺寸**

作品24：胸围56cm、衣长41cm、肩背宽23cm
作品25：胸围56cm、衣长41.5cm、肩背宽23cm
● **步骤详解**

※作品24、25的钩法基本相同，仅花样编织的行数
有差异。
作品24用浅棕色单色编织而成，而作品25也仅下半
部分花样编织处有配色条纹编织。
1 **钩织前后裙片**

各自起针，作品25编织花样（仅作品25需编织成配
色条纹花样，接着减2针编织平针，一边减针编织至收
针）。

2 **钩织前后身片**

分别挑81针编织前后身片，织口行单罗纹针，左右
两端织7针并收针，按照记号图图示织出领窝。
3 **拼接出肩部、钉缝侧边**

肩部引拔针拼接，侧边穿缝钉缝。
4 **整理出领窝、袖隆和裙摆的形状**

用单股线依次沿领窝和袖隆衣片反面的引拔针处织
一道镶边，裙边的镶边需使用双股线（作品24使用
浅棕色线，作品25使用本白线）
5 **在前领窝处缝上装饰**

作品24：按记号图所示缝上纽扣。
作品25：编织蝴蝶结，正常起针，编织单罗纹针，
织出形状，缝在前方身片上。

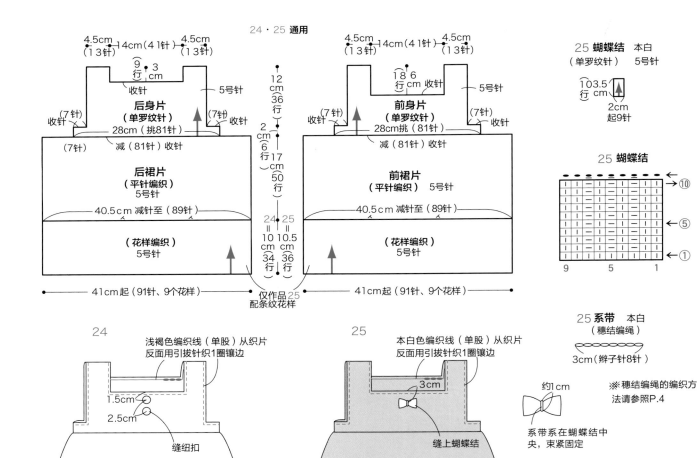

46

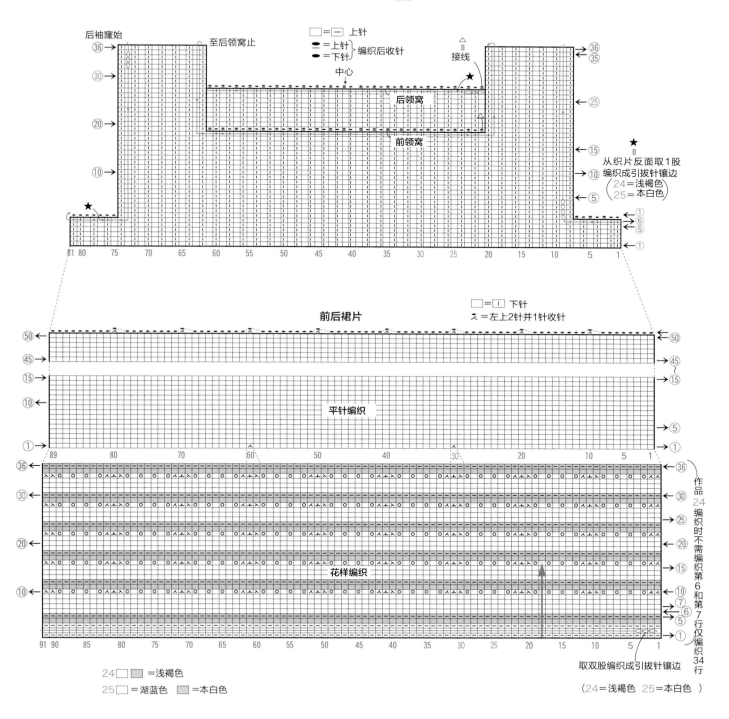

前后身片 24 · 25 通用

后袖窿始　　　　　　至后领窝止
编织后收针
中心
接线
后领窝
前领窝

□=□ 上针
◗=上针
◗=下针
□=□
从织片反面取1股
编织成引拔针镶边
（24＝浅褐色
　25＝本白色）

前后裙片

□=□ 下针
ㄥ=左上2针并1针收针

平针编织

作品24编织时不需编织第6和第7行仅编织34行

花样编织

取双股编织成引拔针镶边
（24＝浅褐色　25＝本白色）

24□ ■=浅褐色

25□=湖蓝色　■=本白色

橡皮粉与灰色系的背心

便利实用的背心是气候多变时节用的保暖必备单品，可以通过滚边
花样与纽扣的排列，制作出风格多样的作品。

步骤详解／P.50

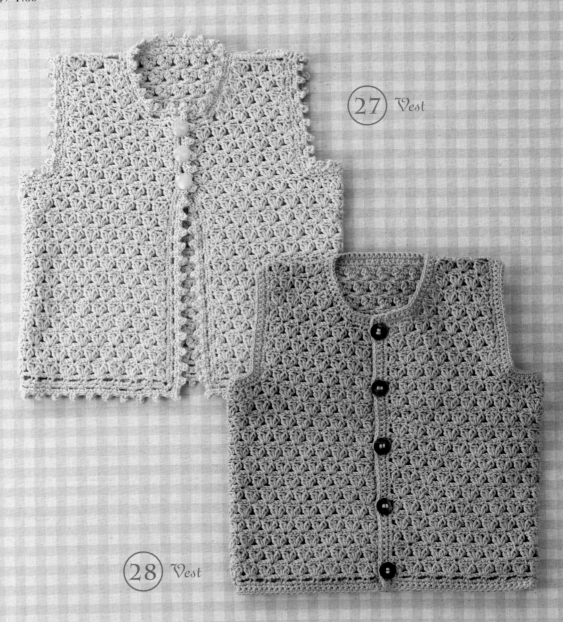

㉗ Vest

㉘ Vest

❀ 12 ～ 24 个月 ❀

圆领开襟衫 & 短裤套装

在 P.48 背心的基础上增加袖子与口袋的设计,
背心即变身开襟衫了。
下装的短裤使用了上装同色的编织线织就而成。
当然也可以使用其他颜色的线编织配套。

步骤详解／29…P.54　30…P.62

29 Cardigan

30 Pants

● 作品 27 的编织用线及辅料

paume（有机彩棉）

　43（橡皮粉）…150g

直径1.8cm的纽扣…3粒

● 作品 28 的编织用线及辅料

paume（有机彩棉）

　45（灰色）…140g

直径1.5cm的纽扣…5粒

● 编织用针　5/0 号钩针

● 编织密度（10cm 见方的织片）

花样编织：22针x13行

● 成品尺寸

作品27…胸围68cm 、肩背宽28cm、衣长35cm

作品28…胸围67.5cm、肩背宽27cm、衣长34.5cm

步骤详解

※作品27、28前后身片的钩织方法相同，仅缘编织不同。

1. 钩织身片

辫子针起73针，衣侧26行，袖窿17行，沿示意图钩织花样编织，钩织后身片，同样依照记号图的指示钩织左右前身片。

2. 拼接肩部，钉缝侧边

肩部卷缝拼接，侧边用辫子针钉缝的方法钉缝。

3. 整理身片

作品27分别在领窝、前襟、衣摆、袖窿处钩织缘编织，并在右前襟处开3个扣眼，然后在左前身片相应位置缝上纽扣。

作品28分别在领窝、前襟、衣摆、袖窿处钩织3行短针，并在右前襟处开5个扣眼，然后在左前身片相应位置缝上纽扣。

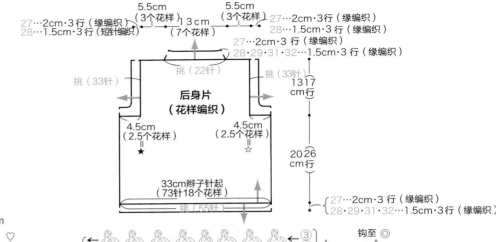

※ 作品 27·28·29·31·32 的后身片钩织记号图可通用，（仅作品27·28 袖窿处有短针镶边和缘编织）

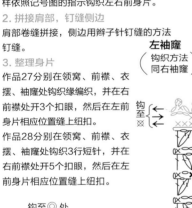

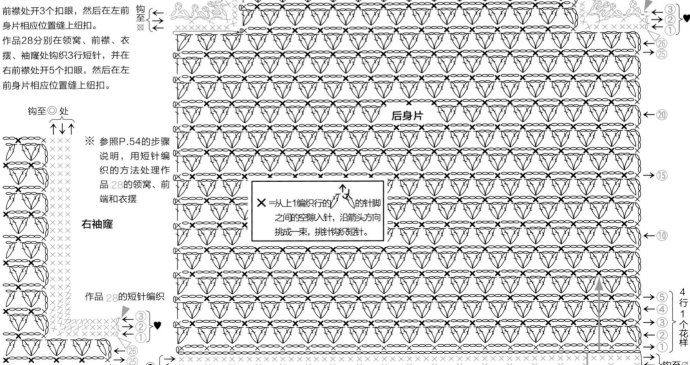

※ 作品 27・28・29・31・32 的后身片钩织记号图通用，
（仅作品 27・28 袖窿处有短针镶边和缘编织）

27…2cm・3行
（缘编织）
28…1.5cm・3
（短针编织）

5.5cm
（3个花样）

27…2cm・3行（缘编织）
28・29・31・32…1.5cm・3行（短针编织）

27…2cm・3行（缘编织）
28…1.5cm・3
（短针编织）

6.5cm
（3.5个花样）

6.5cm
（3.5个花样）

5.5cm
（3个花样）

挑（33针）
挑（18针）

6 8
cm行

挑（18针）
挑（33针）

13
cm
（17
行）

（9
行）

（9
行）

27cm
（35
行）

4.5cm
（2.5个花样）
＝

挑
（54针）

挑
（54针）

4.5cm
（2.5个花样）

20
cm
（26
行）

★
右前身片
（花样编织）

☆
左前身片
（花样编织）

16.5cm辫子针起针
（37针・6个花样）

16.5cm辫子针起针
（37针・6个花样）

挑（27针）

挑（27针）

27…2cm・3行
（缘编织）
28・29・31・32…1.5cm・3行（短针编织）

作品 27 领窝、前襟、衣摆和袖窿处的处理

缘编织 （3
2cm 行）

卷缝拼接（参照P.5）

扣眼
利用缘编织第2行
的镂空花样当作
扣眼

缝上纽扣

2cm
（3
行）

辫子针钉缝
（参照P.7）

2cm
（3
行）

※ 作品 28 各部分的处理方法参见 P54

钩至☆处

◎

钩至♥处

右袖窿

缘编织起始处

扣眼

右前身片

编织起始处
辫子针起37针

钩至●处

★

钩至♡处

⑧

③⑤
作品 27 的缘编织

缘编织
编织起始处

纽扣位置

左前身片

标记
依照
钩织
箭头

= ××

51

31 Jacket

带帽茄克衫

在 P.49 开襟衫的基础上增加了可脱卸的帽子，
大大的帽子可以保护宝宝的头部不受风吹。

步骤详解／P.54

❋ 12 ～ 24 个月 ❋

32 Jacket

翻领茄克衫

本白色的翻领同帽兜一样，同样采取的是纽扣式可脱卸设计，居家便服一样的开襟衫也因为有了这个翻领设计瞬间华丽变身成了优雅洋气的外出服。

步骤详解／P.54

❀ 12 ～ 24 个月 ❀

● 作品 29 的编织用线及辅料

paume（有机彩棉）
45（灰色）…207g
直径1.8cm的纽扣…5粒

● 作品 31 的编织用线及辅料

paume（有机彩棉）
45（灰色）…277g
直径1.8cm的纽扣…5粒
直径1.5cm的纽扣…7粒

● 作品 32 的编织用线及辅料

paume（有机彩棉）
45（灰色）…207g
paume（有机非染色棉）Kurosshe
1（本色）…12g
直径1.8cm的纽扣…5粒
直径1.5cm的纽扣…7粒

● 编织用针

作品29・31…5/0号钩针
作品32…3/0号钩针（衣领用）、5/0号钩针

● 编织密度（10cm 见方的织片）

花样编织：22针x13行

● 成品尺寸

作品29・31…胸围67.5cm、肩背宽24cm、衣长34.5cm
作品32…胸围67.5cm、 肩背宽24cm、衣长34.5cm、翻领宽8.5cm

● 步骤详解

※作品29・31・32的前后身片钩织方法相同。
前后身片的钩织方法与作品27・28相同（请参照P.50・51的内容）
作品29：在身片上缝上袖子和口袋，钩织而成的开襟衫，巧妙地在开襟衫颈围处缝上若干粒纽扣。作品31是在作品29的基础上增加帽兜，而作品32则是在作品29的基础上增加了翻领设计。

1 钩织身片
请参照P50・51的背心的钩织方法。

2 拼接肩部，钉缝出侧边
卷缝拼接出肩部后，用辫子针钉缝出侧边。钩两块织片当作口袋，钉缝在身片适当位置。

3 钩织袖子，并缝在身片上。
钩织袖子，辫子针钉缝袖下，形成圆筒状，在袖口处用短针收口。将身片袖隆与袖子沿记号重合，用辫子针钉缝，缝上袖子。

4 整理身片
依次在领窝、衣摆、前襟处钩3行短针，钩至左前襟时注意留出5个扣眼，最后在右前襟相应位置缝上纽扣。

5 钩织帽兜（仅作品31）
辫子针起针65针，从帽顶到颈边按照记号图，一边加减针，一边钩织花样编织，并将帽顶部分左右对折卷缝拼接，并沿帽沿钩织2行短针，颈围处同样钩2行短针，钩织时注意留出7处扣眼，并在身片颈围里侧缝七粒纽扣。

6 钩织翻领（仅作品32）
辫子针起98针，按照记号图加针钩织10行。按照钩织记号图在衣领两边依次钩织短针和辫子针3针的狗牙针，然后在脖颈处钩织短针（并利用镂空图纹间的空隙均匀地在颈围处留7个扣眼），最后在领窝反面缝上7粒纽扣。

作品 28・29・31・32 的扣眼

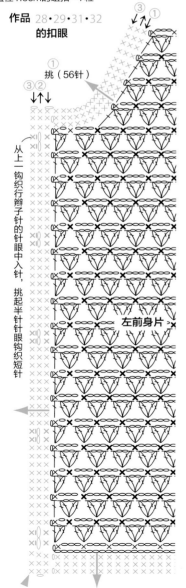

作品 28 领窝、前襟、衣摆、袖隆的处理 （短针）

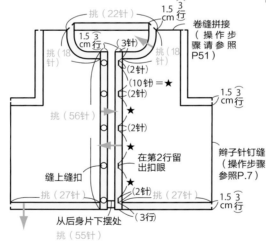

作品 29・31・32 通用

口袋　2片　（短针）

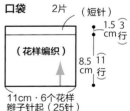

11cm・6个花样
辫子针起（25针）

口袋　2片

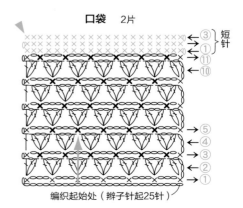

编织起始处（辫子针起25针）

✕ = 从上一编织行的针脚之间的空隙入针，沿箭头方向挑成一束，挑针钩织起针

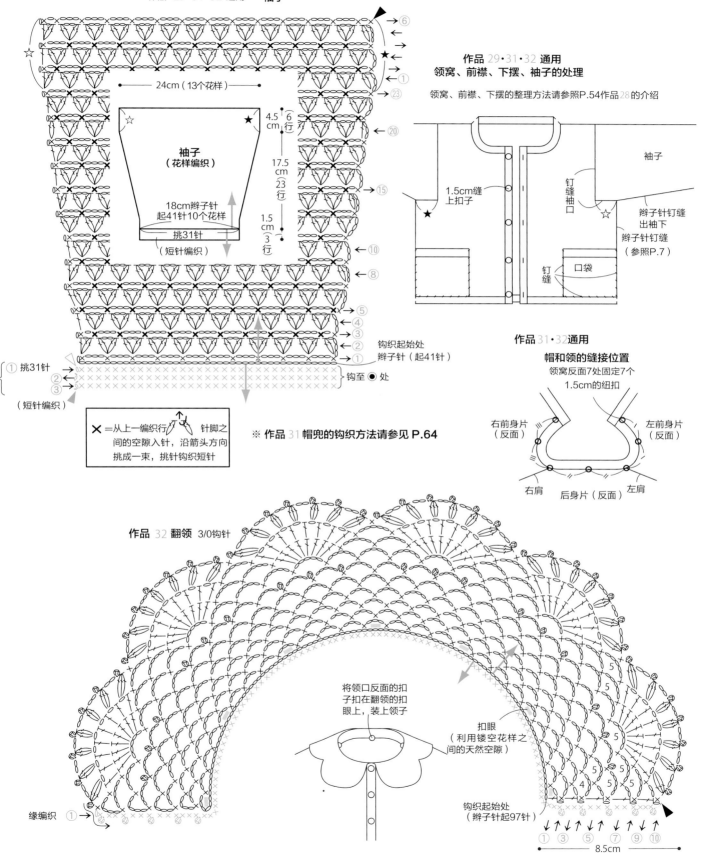

作品 29·31·32 通用　**袖子**

24cm（13个花样）

袖子
（花样编织）

18cm辫子针
起41针10个花样

挑31针
（短针编织）

4.5cm（6行）
17.5cm（23行）
1.5cm（3行）

钩织起始处
辫子针（起41针）

① 挑31针
②
③
（短针编织）

钩至●处

✕ = 从上一编织行针脚之间的空隙入针，沿箭头方向挑成一束，挑针钩织短针

※ 作品 31 帽兜的钩织方法请参见 **P.64**

作品 29·31·32 **通用**
领窝、前襟、下摆、袖子的处理

领窝、前襟、下摆的整理方法请参照P.54作品28的介绍

袖子

1.5cm缝上扣子

钉缝袖口

辫子针钉缝出袖下
辫子针钉缝（参照P.7）

钉缝

口袋

作品 31·32通用
帽和领的缝接位置

领窝反面7处固定7个1.5cm的纽扣

右前身片（反面）
左前身片（反面）
右肩　后身片（反面）　左肩

作品 32 翻领 3/0钩针

将领口反面的扣子扣在翻领的扣眼上，装上领子

扣眼（利用镂空花样之间的天然空隙）

缘编织 ①

钩织起始处（辫子针起97针）

① ③ ⑤ ⑦ ⑨ ⑩

8.5cm

55

本书所使用的编织线

（图片同实物等大）

●各种线从左开始，分别是含量→规格→线长→色数→适用针号。
●印刷刊物，可能会有少许色差。

1 可爱贝贝〈纯棉〉
棉100%（超长棉）/40g 一卷 / 约120m/7 色 / 钩针3/0 ~ 4/0 号、棒针4 ~ 5 号

2 Paume 无垢棉贝贝
棉100%（纯有机棉）/25g 一卷 / 约70m/1 色 / 钩针5/0 号、棒针5 ~ 6 号

3 Paume 无垢棉编织
棉100%（纯有机棉）/25g 一卷 / 约70m/1 色 / 钩针5/0 号、棒针5 ~ 6 号

4 Paume 无垢棉钩织
棉100%（纯有机棉）/25g 一卷 / 约107m/1 色 / 钩针3/0 号、棒针3 号

5 Paume 考腾彩色贝贝
棉100%（纯有机棉）/25g 一卷 / 约70m/7 色 / 钩针5/0 号、棒针5 ~ 6 号

6 Paume 考腾彩色工艺
棉100%（纯有机棉）/25g 一卷 / 约70m/5 色 / 钩针5/0 号、棒针5 ~ 6 号

7 Paume 考腾棉麻线
棉60%、麻40%（棉·麻均为纯有机）/25g 一卷 / 约66m/2 色 / 钩针5/0 号、棒针5 ~ 6 号

8 华仕哥德
棉64%、涤纶36%/40g 一卷 / 约102m/24 色 / 钩针4/0 号、棒针5 ~ 6 号

9 华仕哥德钩织（古迪淳）
棉64%、涤纶36%/25g 一卷 / 约104m/7 色 / 钩针3/0 号

钩针编织基础

记号图的识别方法

日本工业标准（JIS）规定，记号图均按正面表示。钩针编织没有下针和上针的区别（引上针除外）。下针及上针交替编织的平针，其记号图的表示不变。

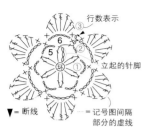

行数表示
③
6
5
①
环
立起的针脚
▼=断线
=记号图间隔部分的虚线

由中心编织成圆形

由中心制作线圈（或辫子针），逐行环形编织。各行起始端接立起的针脚，连续编织。基本上，将织片正面向内，按记号图从右至左编织。

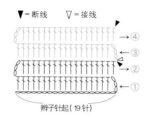

▼=断线　▽=接线
→④
③
②
→①
辫子针起（19针）

平针

其特点是左右为立起的针脚。基本上，右侧接立起的针脚时，将织片正面向内，按记号图从右至左编织。左侧接立起的针脚时，将织片反面向内，按记号图从左至右编织。图示为第3行换成配色线的记号图。

辫子针针脚的识别方法

正面

反面
里山

辫子针的针脚有正面和反面。反面的中央引出的1根为辫子针的"里山"。

线和针的拿持方法

1 从左手的小拇指和无名指之间穿线至内侧，挂线于食指，线头引至内侧。

2 用大拇指和中指拿住线头，食指将线撑起。

3 针用大拇指和食指拿持，中指轻轻贴上针尖。

起始针脚的制作方法

1 针从线的外侧贴上，并转动针尖。

2 再次挂线于针尖。

3 针穿入线圈，将线祥引出。

4 引线头、收紧针脚，起始针脚编织完成（此针脚不计入针数）。

起针

环

由中心编织成圆形
（用线头制作线圈）

1 左手的食指则绕线2圈，制作线圈。

2 抽出手指、拿住线圈，针送入线圈中，挂线引至内侧。

引出的针脚

3 再次挂线于针尖引出，编织立起的辫子针。

4 第1行将针送入线圈中，编织所需针数的短针。

5 先抽出针，引出起始线圈的线和线头，并拉收线圈。

6 第1行的末端，入针引拔于起始的短针的头部。

立针

1 编织所需针数的辫子针和立起部分的锁针，从端部入针于第2针的辫子针，挂线引拔。

2 挂线于针尖，如箭头所示挂线引拔。

3 第1行编织完成（立起的1针辫子针不计入针数）。

上一行针脚的挑起方法

即使同样的泡泡针，按照记号图挑起针脚的方法也会有所变化。记号图的下方闭合时，编入于上一行的1针；记号图的下方打开时，将上一行的辫子针挑起束紧编织。

编入于1针

1　2

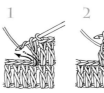

挑起辫子针束紧编织

1　2

编织针脚记号

⬭ 辫子针

1 制作起始的针脚（参照 P.57），挂线于针尖。

2 引出挂上的线，辫子针完成。

3 同样，重复步骤 1 及 2 继续编织。

4 辫子针 5 针完成。

⬮ 引拔针

1 入针于上一行的针脚。

2 挂线于针尖。

3 再次引拔线。

4 引拔针完成 1 针。

✕ 短针

1 入针于上一行。

2 挂线于针尖，线祥引至内侧。

3 再次挂线于针尖，2 根线祥一并引拔。

4 短针完成 1 针。

⊤ 中长针

1 挂线于针尖，入针于上一行针圈挑起。

2 再次挂线于针尖，引出至内侧（此状态为"未完成的中长针"）。

3 挂线于针尖，3 线祥一并引拔。

4 中长针完成 1 针。

⊤ 长针

1 挂线于针尖，入针于上一行的针脚，再次挂线引出至内侧。

2 如箭头所示，挂线于针尖，引出 2 线祥（此状态为"未完成的长针"）。

3 再次挂线于针尖，引拔剩余的 2 线祥。

4 长针完成 1 针。

⊤ 长长针

1 两次挂线于针尖，入针于上一行，再次挂线，线祥引出至内侧。

2 如箭头所示，挂线于针尖，引出 2 线祥。

3 相同动作再重复两次。"未完成的长长针"为仅重复一次相同动作的状态。

4 长长针完成 1 针。

⟨⟩ 短针 2 针并 1 针

1 如箭头所示，入针于上一行的 1 针，引出线祥。

2 下个针脚同样引出线祥。

3 挂线于针尖，3 线祥一并引拔。

4 短针 2 针并 1 针完成。比上一行减少 1 针的状态。

⟨⟩ 短针 1 针放 2 针

1 编织 1 针短针。

2 相同针脚再次入针，线祥引出至内侧。

3 挂线于针尖，2 根线祥一并引拔。

4 同一针脚编入 2 针短针。比上一行增加 1 针的状态。

短针 1 针放 3

1 编织 1 针短针。

2 相同针脚再编织 1 针短针。

3 相同针脚编入 2 针短针。接着，再编织 1 针短针。

4 相同针脚编入 3 针短针。比上一行增加 2 针的状态。

 锁 3 针的引拔辫子针

1 编织 3 针锁针。

2 入针于短针的头半针和底 1 根。

3 挂线于针尖，3 根线祥一并引拔。

4 引拔辫子针完成。

长针 2 针并 1 针

1 上一行的 1 针侧未完成的长针，如箭头所示入针于下一针脚，引出线。

2 挂线于针尖，引拔 2 根线祥，编织第 2 针未完成的长针。

3 挂线于针尖，3 根线祥一并引拔。

4 长针 2 针并 1 针完成。比上一行减少 1 针的状态。

长针 2 针编入

1 编织完成 1 针长针的相同针脚再编入长针。

2 挂线于针尖，引拔 2 根线祥。

3 再次挂线于针尖，引拔剩余的 2 线祥。

4 编入 2 针长针于 1 针。比上一行增加 1 针的状态。

 短针的畦针

1 如箭头所示，入针于上一行针脚的外侧半针。

2 编织短针，下一针脚同样入针于外侧半针。

3 编织至端部，改变织片的朝向。

4 同步骤 1 及 2，入针于外侧半针，编织短针。

短针的条纹针

1 看着每行正面编织。编织短针，引拔至起始的针脚。

2 编织立起的 1 针辫子针，挑起上一行的外侧半针，编织短针。

3 同样，重复步骤 2 的要领，继续编织短针。

4 上一行的内侧半针存留为条纹的状态。短针的条纹针第 3 行编织完成。

长针 3 针的泡泡针

1 上一行的针脚侧编织 1 针未完成的长针。

2 入针于相同针脚，继续编织 2 针未完成的长针。

3 挂线于针尖，挂于针的 4 根线祥一并引拔。

4 长针 3 针的泡泡针完成。

中长针 3 针的变形泡泡针

1 入针于上一行的针脚，编织 3 针未完成的中长针。

2 挂线于针尖，先引拔 6 根线祥。

3 再挂线于针尖，引拔剩余的 2 线祥。

4 中长针 3 针的变形泡泡针完成。

棒针编织基础

编织记号的识别方法

日本工业标准（JIS）规定，记号图均按正面表示。
棒针编织的平针，奇数看着织片正面编织，按记号图从右至左编织。
偶数行看着织片的反面，按记号图从左至右编织，相反的编织方法（例如，记号图正面表示则编织成上针，反面表示则编织成下针）。本书的起针为第1行。

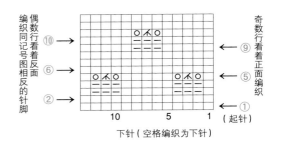

偶数行看着织片反面编织同记号图相反的针脚

奇数行看着织片正面编织

下针（空格编织为下针）

本书所使用的起针

起始针脚的制作方法

1 从线头至成品宽度约3倍位置制作线圈。

2 右手的大拇指及食指送入线圈中，引出线。

3 将两支针穿入引出的线，引出线头打结。这就是起始的第1针。

起针（第1行）

1 起始的第1针完成，线结一端挂于左手食指，线头一端挂于大拇指。

2 如箭头所示转动针，挂线于针尖。

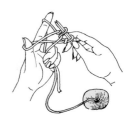

3 轻轻松开挂于大拇指的线。

4 如箭头所示送入大拇指挂线，拉收于外侧。

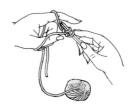

5 第2针完成。从第3针开始，按步骤2至4要领编织。

6 起针（第1行）完成。抽出1支棒针，接着用此棒针继续编织。

编织针脚记号

I 下针（正针）

1 线置于外侧，从内侧送入右针。

2 挂线于右针，如箭头所示引出于内侧。

3 用右针引出线，松开左针。

4 下针完成。

— 上针（反针）

1 线置于内侧，如箭头所示，从外侧送入右针。

2 如图所示挂线，如箭头所示将线引出至外侧。

3 用右针引出线，松开左针。

4 上针完成。

○ 挂针

1 线置于内侧。

2 如图所示，从内侧挂线于右针，如箭头所示，入针于下一针脚后编织。

3 编织完成1针挂针及1针下针。

4 下一行编织完成。挂针则留孔，为1针加针。

人 中上3针并1针

1 如箭头所示，入针于左针的2针，不编织移至右针。

2 入针于第3针挂线，编织成下针。

3 左针送入步骤1移动的2针，如箭头所示盖住左侧的1针。

4 中上3针并1针完成。

入 右上2针并1针

1 如箭头所示，从内侧送入右针，不编织移动至右针，改变针脚的方向。

2 右针送入左针的下个针脚，挂线编织成下针。

3 左针送入步骤1移动至右针的针脚，如箭头所示盖住左侧针脚。

4 右上2针并1针完成。

人 左上2针并1针

1 如箭头所示，从2针的左侧一并入针。

2 如箭头所示挂线，2针一并编织。

3 用右针引出线，松开左针。

4 左上2针并1针完成。

⬤ 伏针（伏针固定）

1 端部的2针编织为下针，如箭头所示，左针送入右端针脚。

2 如图所示，右端针脚盖住相邻的针脚。

3 下针编织1针，左针的针脚，用右针的针脚盖住。

4 编织末端的针脚如图所示，线头穿入针脚，并拉收。

刺绣基础

针迹的刺绣法

回针绣

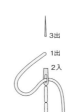

缎面绣

法式结粒绣

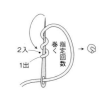

其他基础知识索引

穗结编绳 …… P.4

立体线球的织法 …… P.6

渡线减针 …… P.5

引拔针镶边 …… P.7

肩部拼接·覆盖拼接 …… P.4

后领窝与衣领的拼接·针和行的拼接 …… P.4

袖的拼接·引拔钉缝 …… P.5

脚跟的拼接·卷针拼接 …… P.5

织片主体的拼接·起伏针钉缝 …… P.6

侧边的钉缝·辫子针钉缝 …… P.7

26 30 短裤 ❈ 12~24 个月 ❈ 图片 /26…P.45、30…P.49

● **作品 26 的编织用线及辅料**

华仕哥德
　26（浅蓝）…122g
　2（米白）…5g
宽 1.5cm 松紧带…56cm×1 根

● **作品 30 的编织用线及辅料**

华仕哥德
　14（绿）…132g
宽 1.5cm 松紧带…56cm×1 根

● **编织用针**

钩针 4/0 号

● **编织密度**

（10cm 见方的织片）花样编织：28 针 ×10 行

● **成品尺寸**

参照记号图

● **编织详解**

※ 左脚和右脚的主体的编织方法相同。改变接合口
的边缘针进行编织即可。

1 钩织本体（左脚·右脚）

辫子针起针 107 针，如图所示花纹针编织。左裤片
及右裤片均改变引回针的位置，并按相同要领编织。

2 整理成型

辫子针钉缝左脚部分和右脚部分，作品 26 及 30 的
接合口分别编织 5 行指定的边缘针。翻入腰围的翻
折部分，将松紧带包住缭缝。

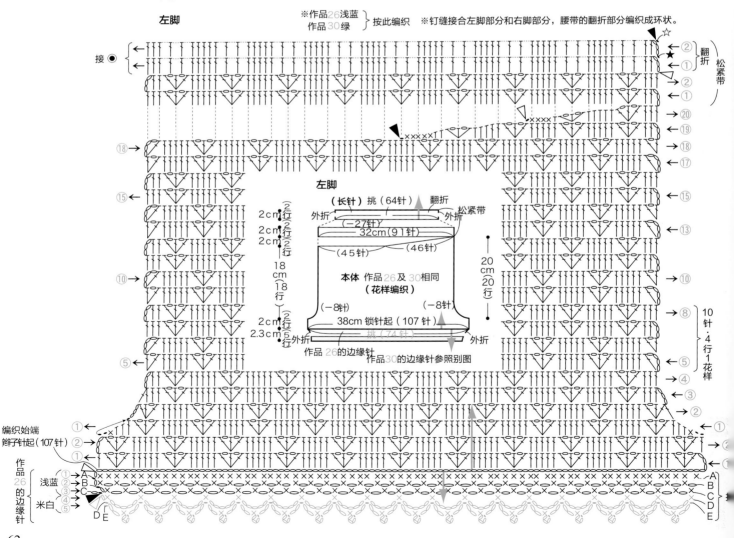

※左脚·右脚相同

作品30 的边缘针

本体（绿）

（−8针）　　　　　（−8针）

38cm 辫子针起（107针）

挑（74针）

外折　　　2cm ｝{(2)行} 2{(5)行} cm　外折

边缘针　绿

作品 30 的边缘针

①②③④⑤　A B C D

E 作品30 的边缘针　左脚·右脚相同　均用绿线编织

←③
←②
←①
→②
→①
A B C D E 后接

穿入宽1.5cm的松紧带并缭缝翻折部分

26　浅蓝　辫子针钉缝　26.3cm

30　绿　辫子针钉缝　26.3cm

5 行　米白

5 行

辫子针钉缝
① 织片正面向内重合 按"引拔针1针+辫子针3针"重复编织 （根据织片调整辫子针的数量）

主体 作品 26·30 相同　※作品 26 浅蓝　作品 30 绿｝按此编织

☆接
★接

翻折　松紧带

⑳→
⑮←
⑩→
⑤←
①②

始端针起7针

右脚

松紧带　挑64针　翻折

外折　　外折

（−27针）

32cm（91针）

（46针）　　（45针）

20cm（20行）

本体 作品26及30相同（花样编织）

（−8针）　　　（−8针）

38cm 锁针起 107 针

挑 75针

外折　　外折

作品26 的边缘针

作品30 的边缘针参照别图

2cm ｛(2)行
2cm ｛(2)行
2cm ｛(2)行

18cm（18行）

2cm {(2)行}
2.3cm {(2)行}

4行 1花样

→②①
②→
①→
①②③④⑤ A B C D E 接

作品 26 的边缘针

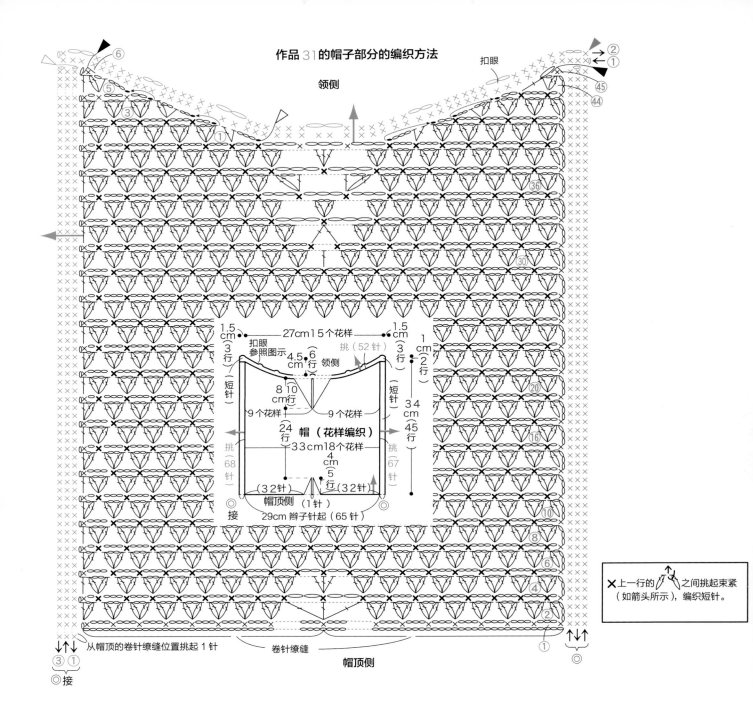

作品 31 的帽子部分的编织方法

领侧

扣眼

1.5 cm（3行）
27cm15个花样
1.5 cm（3行）
扣眼 参照图示
挑（52针）
领侧
4.5 cm（6行）
1 cm（2行）
短针
8 10 cm行
9个花样
9个花样
短针
3 4 cm 45 行
挑（68针）
24 行
帽（花样编织）
33cm18个花样
挑（67针）
4 cm 5 行
（32针）
帽顶侧（1针）
（32针）
接
29cm 辫子针起（65针）
接

↓↑↑ 3① 从帽顶的卷针缭缝位置挑起1针
卷针缭缝
帽顶侧
◎ ↑↑↑ ①

◎接

✕ 上一行的 ↑↑ 之间挑起束紧（如箭头所示），编织短针。